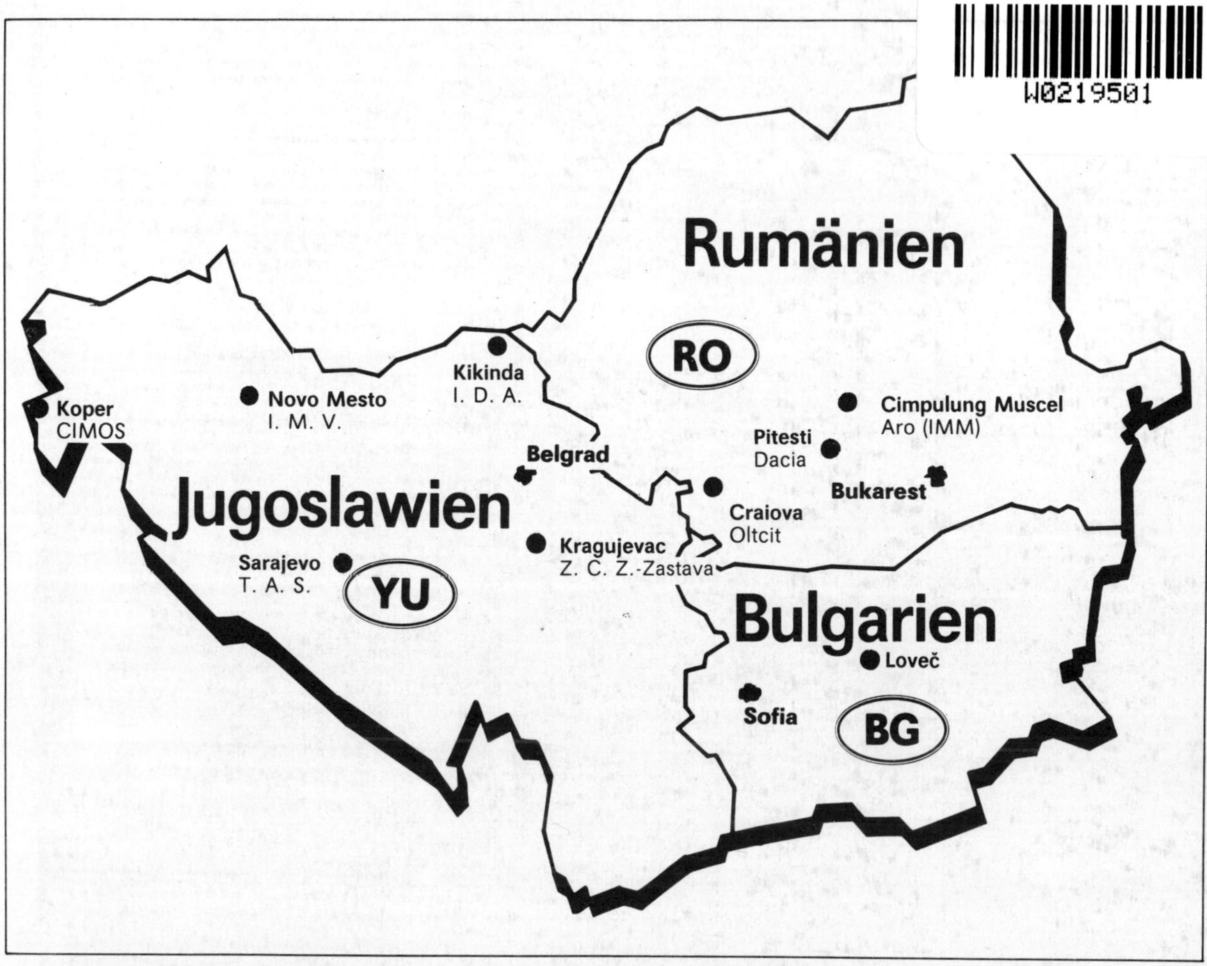

Rumänien
RO
Koper
CIMOS
Novo Mesto
I. M. V.
Kikinda
I. D. A.
Cimpulung Muscel
Aro (IMM)
Pitesti
Dacia
Belgrad
Bukarest
Jugoslawien
Craiova
Oltcit
Kragujevac
Z. C. Z.-Zastava
Sarajevo
T. A. S.
YU
Bulgarien
Loveč
Sofia
BG

Dünnebier
Kittler

Personenkraftwagen sozialistischer Länder

Michael Dünnebier
Eberhard Kittler

Personenkraftwagen

sozialistischer Länder

transpress
VEB Verlag für Verkehrswesen
Berlin 1990

Mit einem Einführungsteil von Dr. Peter R. Huhle.

ISBN 3-344-00382-8

Dünnebier, Michael:
Personenkraftwagen sozialistischer Länder / Michael Dünnebier ; Eberhard Kittler. [Mit e. Einf.-teil von Peter R. Huhle]. – 1. Aufl.
Berlin : Transpress, 1990. – 188 S.
: 322 Abb. (z. T. farb.), 58 Tab.
NE: 2. Verf.:

1. Auflage

VEB Verlag für Verkehrswesen,
Französische Str. 13/14, Berlin, 1086
VLN 162-925/124/90
Printed in the German Democratic Republic
Gesamtherstellung: INTERDRUCK Graphischer Großbetrieb Leipzig, Betrieb der ausgezeichneten Qualitätsarbeit, III/18/97
Gestaltung: Volker von Münster
Manuskript abgeschlossen:
November 1987
LSV 3829
567 395 4
029 80

Das Frontispiz zeigt den Yugo GVX Sport Sedan.
Foto: Archiv Dünnebier
Die Titelbilder zeigen den Lada Samara (links, Foto: Billeb) und den Škoda Favorit (Foto: Sündram)

Vorwort

Autos sind heute zu einem selbstverständlichen Bestandteil unseres Lebens geworden. In den sozialistischen Ländern war das nicht immer so – hatten doch in der schwierigen Aufbauzeit der volkseigenen Industrien andere Zweige Vorrang. Obwohl den Autos hierzulande meist robuste, langlebige Konstruktionen zugrunde lagen, waren sie keine Massenware und genossen oft eine übersteigerte Wertschätzung. Eine Sättigung des Marktes war allerdings auch Mitte der 80er Jahre noch nicht erreicht.
Die Werkschroniken der großen Autofirmen der Welt sind längst geschrieben. Über die Personenkraftwagen sozialistischer Länder wurde – wenn überhaupt – nur am Rande berichtet. Das vorliegende Buch unternimmt erstmals den Versuch, diese Lücke zu schließen und Geschichte, Technik und Modellpolitik der Automobilfirmen im östlichen Teil Europas zu beschreiben. Nicht eingegangen wird auf die Montage- und Einzelfertigung in den sozialistischen Ländern außerhalb Europas (z. B. Vietnam und Kuba), da es dort bisher keine leistungsfähige und eigenständige PKW-Industrie gibt. Die chinesische Automobilindustrie befindet sich am Anfang eines Entwicklungsweges, der allerdings schon jetzt gewaltige Wachstumsraten sowie eine vielgestaltige und moderne Modellpalette verheißt. Da in diesem Buch vom gegenwärtigen Stand ausgegangen wird, erfuhr auch die Automobilindustrie Ungarns, die – abgesehen von einer bescheidenen Pkw-Produktion vor dem zweiten Weltkrieg – ausschließlich auf Lastwagen und Omnibusse fixiert ist, keine Beschreibung.
Bei der Zusammenstellung des Buches erhielten die Autoren vielfältige und großzügige Unterstützung von kommerzieller und privater Seite. Besonderen Dank verdienen L. Šugurov (Moskau), V. Kulbergs (Riga), V. Zapedlik (Prag), A. Zieliński (Warschau), Z. Sitnicki (Warschau), R. Buršinov (Sofia), W. Hinkel (Dresden) sowie die Gutachter Dr. P. Kirchberg (Dresden) und Dr. P. Huhle.

Register

Das Register beinhaltet die nicht im Inhaltsverzeichnis aufgeführten Firmen.

Aero 21–23
Aksai 125
AMO 126, 162
Audi 46, 59–62
Austro-Daimler 111
Auto Union 46, 60–62

Benz 49
Bertone 45
BMW 46, 50
Boge 45
Brennabor 46

C.A.S. 21, 22
Citroën 74, 83, 118–121
CWS 86

Daihatsu 88
Daimler 49
Daimler-Benz 61
Decauville 50
DeDion Bouton 125
DKW 46, 60, 80
Dürkopp 49
Dux 126

EMW 51, 52

Fiat 20, 77–82, 86–89, 96, 103, 104, 106, 126, 174
Ford 17, 127, 156
Frese 124, 127

Gatter 21
General Motors 87, 127, 156
Ghia 91, 157
Gothaer Waggonfabrik 50

Horch 46, 59, 60, 62, 63
Hörning 21

IFA 11, 13, 48, 49, 51
Iljin 138
Isuzu 102
ItalDesign 80, 102

Jakovlev 124, 127
Jawa 21, 23

Kalenda 21
KIM 139, 151
Kirov-Werk 162
Krasnij Putilovec 137
Krčil 21
Kroboth 21

LaBruire 126
Laurin & Klement 21, 28, 30
Lessner 126, 127
Leitner 125
Lidtke 125
Lilpop, Rau & Loewenstein 87
Linser 21

Matra 111
Myron 21
MZMA 126, 137, 141

NAG 46
Nejedlý (K.A.N.) 21
NSU 84

Opel 49, 61, 84, 87, 141

Pánek 21
Perkins 19, 92, 157
Petrašek 21
Peugeot 74, 157
Pierburg 45
Porsche 45, 184
Praga 21, 22
Premier 21
Pusyrev 126, 127
PZI 86

RAF 21, 28
Renault 17, 80, 87, 88, 113, 115, 118, 125, 169, 174
Romanov 127
Rover 157
Russobalt 125–127

Scaldia 157
Sedlák 21
Skavronski 125
Smekal 21
Sodomka 26
Steyr 25

TAZ 36

Valeš 21
Véchet 21
Velox 21
Volkswagen 76, 84, 85, 96, 174

Walter 21, 26
Wanderer 46, 60

Zbrojovka 21

Inhalt

Einleitung 9

Bulgarien 16
Balkanwerk in Loveč 17
Bulgarrenault in Plovdiv 20

ČSSR 21
Tatra Kopřivnice 24
AZNP Škoda in Mladá Boleslav 28

DDR 46
VEB Automobilwerk Eisenach 49
VEB Sachsenring Automobilwerke Zwickau 59

Jugoslawien 76
Z.C.Z. – Zavodi Crvena Zastava in Kragujevac 77
I.M.V. – Industrija Motornih Vozil in Novo Mesto 80
Tovarna Automobilov CIMOS in Koper 83
IDA in Kikinda 84
TAS – Tvornica Automobila Sarajevo in Vagosca 84

Polen 86
FSO – Fabryka Samochodów Osobowych in Warschau-Zeran 89
FSM – Fabryka Samochodów Małolitrazowych in Bielsko Biała 103

Rumänien 110
Werk für Personenkraftwagen Pitešti 112
Werk für Personenkraftwagen Timisoara 118
Gemischtstaatliche Gesellschaft Oltcit S.A. Craiova 120
Maschinenbetrieb Muscel in Cimpulung 122

UdSSR 124
AZLK und IžMaš – das Automobilwerk „Leninscher Komsomol" in Moskau und das Kraftfahrzeugwerk in Iževsk 138
GAZ – das Automobilwerk in Gorki 151
ZIL – das Lichačov-Werk in Moskau 162
ZAZ – die Automobilfabrik „Kommunar" in Zaporože 165
VAZ – das Automobilwerk „50 Jahre UdSSR" in Togliatti 174

Literaturangaben 188

Einleitung

Im September 1987 war es soweit: Ein neues Pkw-Modell, der frontgetriebene Škoda Favorit, feierte Premiere, wurde zum vielbeachteten Mittelpunkt einer bedeutenden internationalen Industriemesse. Das nicht abreißende Defilé hunderttausender ČSSR-Messebesucher aller Jahrgänge offenbarte zwei Phänomene. Auch, oder gerade unter den gesellschaftlichen Bedingungen des Sozialismus unterliegt das Automobil einer besonderen Faszination, deren emotionale Komponente nicht immer mit den statistisch erfaßbaren ökonomischen Kennziffern korreliert, nicht zuletzt aber von einem Stolz auf die Leistungsfähigkeit der nationalen Pkw-Industrie getragen wird. Zugleich zeigte die Momentaufnahme von der Brnoer Herbstmesse 1987 – die ähnlichen Anlässen in den anderen RGW-Staaten glich –, daß dem Pkw als Individualverkehrsmittel neben dem Ausbau leistungsfähiger Massenverkehrsmittel staatlicherseits gebührende Beachtung geschenkt wird.
Gegenwärtige Bemühungen in allen wichtigen automobilproduzierenden RGW-Ländern, die Bedarfsbefriedigung einer zunehmend in Wohlstand lebenden Bevölkerung mit dem hochwertigen Konsumgut PKW zu entwickeln und zugleich dieses Erzeugnis als möglichst gefragtes Exportobjekt auf internationalen Märkten zu etablieren, begründen die enormen Investmittel, die die Volkswirtschaften der betreffenden Staaten – allen voran die Sowjetunion – in der laufenden Innovationsphase für die Automobilindustrie bereitstellen.

Pkw-Produktion in den sozialistischen Ländern (1 000 Stück)

	1950	1960	1970	1975	1980	1981	1982	1983	1984	1985	1986	1987
BG	–	–	8	15	15	15	15	15	16	15		
CS	24	56	143	175	184	181	174	178	180	184	145	169
DDR	7	64	127	159	177	180	183	188	202	210	218	218
YU	–	9	63	132	186	180	158	168	253[1])	229[1])	253[1])	239
PL	–	12	64	164	351	240	228	270	279	283	293	304
RO	–	1	24	68	88	92	104	90	125	134	104	105
SU	65	139	344	1 201	1 327	1 324	1 307	1 315	1 327	1 322	1 340	1 210

Angaben nach: Statistisches Jahrbuch der DDR. Katalog der Automobil Revue.
[1]) mit Montagefertigung

In der mehr als 35jährigen Retrospektive nimmt sich die Bilanz der Automobilherstellung in den sozialistischen Ländern beeindruckend aus: Wurden 1950 gerade knapp 102 000 Einheiten gefertigt, so erreichte der Jahresausstoß 1986 mehr als 2,3 Millionen. Aufbauend auf Vorkriegstraditionen in der Pkw-Produktion, mehr aber noch durch schrittweise Entwicklung von neugeschaffenen Produktionskapazitäten gelang es hier, den Pkw-Bestand im Jahre 1986 auf über 21 Millionen zu vergrößern.
Ökonomische Prioritäten, insbesondere in den Jahren des schweren Anfangs nach dem zweiten Weltkrieg, erlaubten es bis heute nicht, die Kapazitäten der kraftfahrzeugproduzierenden Betriebe voll dem Bedarf anzupassen. Auch hinsichtlich international üblicher Innovationszyklen kann das Erreichte noch nicht befriedigen.
Die Entwicklung von neuen Pkw-Modellen ist unter den heutigen Bedingungen ein langwieriger Prozeß, bei dem die weltweit fixierten Hauptziele Wirtschaftlichkeit, Umweltfreundlichkeit und Sicherheit ebenso wie die Notwendigkeit rationeller Fertigungstechnologien Berücksichtigung finden müssen. Daß hierbei Zielkonflikte

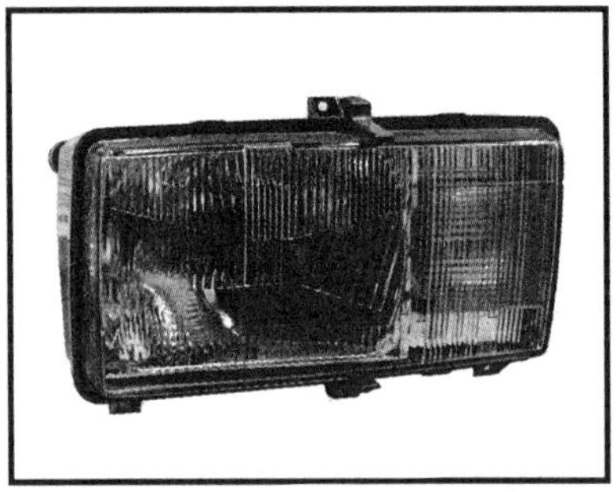

Zubehör für die sowjetischen Personenkraftwagen liefern verschiedene RGW-Staaten. Über eine halbe Million Scheinwerfereinsätze für VAZ kommen jährlich aus der ČSSR – hier ein PAL-Scheinwerfer für den VAZ 2105. Foto: Huhle

Für den neuen Moskvič 2141 übernahm die DDR-Zubehörindustrie die Lieferung der Scheinwerfer. Foto: Huhle

unvermeidbar sind und diese letztendlich durch subjektive, auf nationale Wirtschaftsstrukturen Rücksicht nehmende Entscheidungen getroffen werden, liegt auf der Hand – und liefert die Erklärung für die Unterschiedlichkeit des Produktes „Auto" in den einzelnen sozialistischen Ländern.
Bei kaum einem Industrieerzeugnis sind Verflechtungen von Zulieferbetrieben und Finalproduzent so eng und vielgestaltig wie beim Automobil. Eine länderumspannende Kooperation, auf dem Baugruppensektor fraglos sinnvoll und ökonomisch vorteilhaft, ist für das Finalerzeugnis Pkw kompliziert und durch aufwendige Transportprobleme in seiner wirtschaftlichen Effizienz belastet. Unter Abwägung dieser Sachverhalte konnte es ein „RGW-Auto" im Sinne kompletter technischer und gestalterischer Vereinheitlichung nicht geben, wohl aber die Zusammenarbeit auf dem Gebiet der Forschung, Entwicklung und Produktion wichtiger Baugruppen der Kraftfahrzeugtechnik.
So arbeitet das sowjetische Pkw-Kombinat AvtoVAZ als größter Herstellerbetrieb innerhalb des RGW mit fast 100 Forschungseinrichtungen und Zulieferbetrieben auf vertraglicher Grundlage zusammen. Die nutzbringende Kooperation mit wissenschaftlichen Institutionen in der DDR, der ČSSR, Bulgarien und Jugoslawien erstreckt sich praktisch auf alle im internationalen Pkw-Bau aktuellen Entwicklungsthemen, selbstverständlich mit einer sinnvollen nationalen Spezialisierung. Teillieferungen für die Lada-Modelle aus Togliatti kommen von 37 Betrieben kooperierender RGW-Partner und umfassen rund 150 Positionen. Schwingungsdämpfer, Beleuchtungseinrichtungen und Thermostaten liefern polnische Hersteller, Batterien, Lichtmaschinen, Anlasser, Zündspulen und Filter bulgarische Zubehörproduzenten. Lada-Scheinwerfer werden nicht nur in der ČSSR in hoher Auflage (durchschnittlich über 510000 Einheiten pro Jahr), sondern auch von Betrieben der DDR-Fahrzeugelektrik erzeugt, die darüber hinaus auch Signalhörner, Zündkerzen und optische Elemente für die VAZ-Modellpalette beisteuern.
Kraftstoff-Momentanverbrauchsanzeigen (KMVA) aus DDR-Produktion wurden von sowjetischen Forschungseinrichtungen mit dem Ziel optimierter Lösungsvarianten getestet.
Schließlich stammen Batterien, Lenkräder, Spiegel, Lüfter und Zahnriemen zu großen Teilen aus Jugoslawien, wo ja auch verschiedene Lada-Modelle montiert werden.
Zuletzt steckte die 35. Tagung der Paritätischen Regierungskommission UdSSR-DDR für ökonomische und wissenschaftlich-technische Zusammenarbeit im Dezember 1984 präzisierte Schritte für eine langfristige Zusammenarbeit auf dem PKW-Sektor ab. Das im Rahmen dieser Tagung formulierte Regierungsabkommen beinhaltet in erster Linie eine Produktionskooperation im Baugruppenbereich und die gegenseitige Lieferung von technologischen Ausrüstungen zur Steigerung und Modernisierung der Pkw-Produktion. Ein Beispiel dafür war die Errichtung der neuen Produktionshalle für die Fertigung von Moskvič-Motoren (AZLK) durch DDR-Betriebe.
Ähnlich langfristige Vereinbarungen bestehen auch zwischen dem Außenhandelsbetrieb Motokov (ČSSR) und Avtoexport (UdSSR). Rund 70 Prozent des ČSSR-Exportvolumens von Service- und Garageneinrichtungen sind vertraglich für Lieferungen in die Sowjetunion gebunden.
Wichtige Weiterentwicklungsdetails des Wartburg 353 W, wie die vorderen Scheibenbremsen, der Leichtmetall-Druckkühler mit Elektrolüfter, der Jikov-Zweistufenvergaser, die neuen Umlauf-Wischermotoren und die Scheibenwischer mit höherer Anpreßkraft, stammen wiederum aus Betrieben der sehr flexiblen und leistungsfähigen ČSSR-Zubehörindustrie.

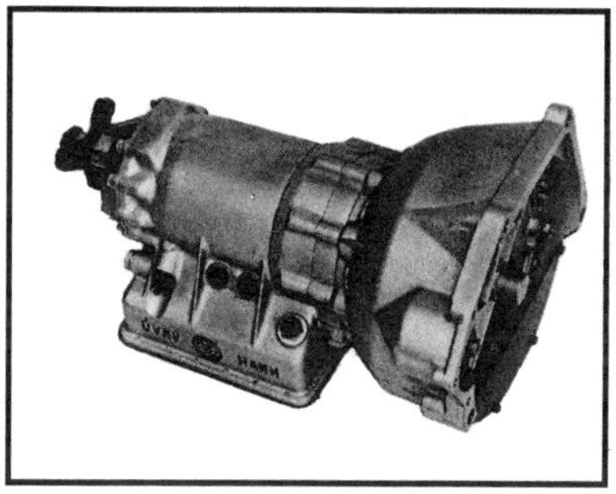

Eine Forschungskooperation zwischen der ČSSR und der Sowjetunion führte Anfang der 70er Jahre zur Entwicklung des ÚVMV-NAMI-Automatikgetriebes für den Lada. Fragen der Kraftstofförkonomie ließen allerdings einen Serieneinsatz nicht sinnvoll erscheinen. *Foto: Huhle*

Moderne Gleichlaufgelenkwellen aus Zwickau werden im Hecktriebsatz der Škoda-Modelle mit Schräglenkerachse sowie im neuen Škoda Favorit montiert. Der Gedanke einer baugruppenorientierten Kooperation liegt auch dem jugoslawischen Zastava und dem ZAZ 1102 aus der Sowjetunion zugrunde. AvtoZAZ und das VEB IFA-Kombinat Personenkraftwagen stellten die Zusammenarbeit auf die stabile Grundlage eines langfristigen Vertrages über direkte Produktions- und Wissenschaftsbeziehungen. Hier spielen nicht nur gegenseitige Lieferungen (Gelenkwellen aus der DDR, Großumformwerkzeuge aus der Sowjetunion) eine wichtige Rolle, sondern auch der Austausch konstruktiver und technologischer Erfahrungen. Eingeschlossen sind Methoden zur rechnergestützten Konstruktion und Fertigung (CAD/CAM).

Unterstützung für die Produktionsüberleitung des eingangs erwähnten Škoda Favorit kam aus Polen in Form von geeigneten Projekten sowie der Bauausführung von Fabrikhallen.

Eine buchstäblich spezialisierte Rolle in der RGW-Kooperation auf dem Gebiet der Kraftfahrzeugtechnik spielt Ungarn, ein Land ohne eigene Pkw-Produktion. Hier liegen die Schwerpunkte des Industriebereichs in der Nutzkraftwagen-Baugruppenfertigung, basierend auf RGW-Empfehlungen zur Integration. Einen großen Leistungsumfang bietet jedoch auch die ungarische Zubehörindustrie den Pkw-Herstellern in der Sowjetunion, der ČSSR und in Jugoslawien an. Ein Kooperationsvertrag für 1986 bis 1990 zwischen dem Außenhandelsunternehmen Mogürt (Ungarn) und dem Kleinwagenhersteller FSM (Polen) beinhaltet die Kompensation ungarischer Produkte der Kfz-Elektrik mit insgesamt 23000 Einheiten des FSM 126p für den genannten Zeitraum.

Im Jahre 1984 veröffentlichte das sowjetische Leitinstitut für Automobilbau das Ergebnis umfangreicher Analysen, nach denen unter sozialistischen Wirtschaftsbedingungen ein Pkw-Modell alle zehn bis zwölf Jahre prinzipiell erneuert werden sollte. Die Argumentation der Wissenschaftler war einleuchtend: Nach dieser Zeit

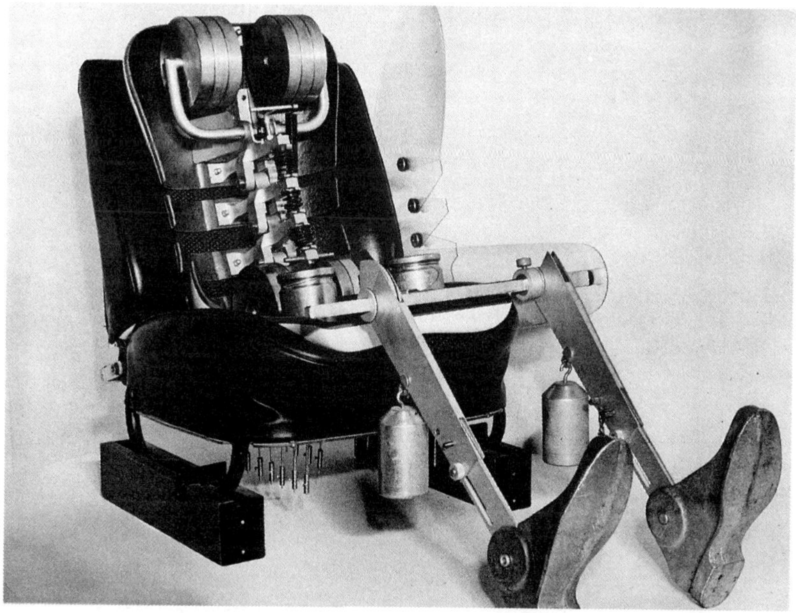

Vielfältig sind die Aufgabenstellungen bei der Entwicklung eines neuen Pkw-Modells. Hier wird im Modellversuch (ÚVMV Prag) die Belastungsstabilität eines Škoda-Sitzes geprüft – Voraussetzung für späteres ermüdungsfreies Sitzen. *Foto: Huhle*

Die Wende zum Frontantrieb wurde in der Sowjetunion mit dem VAZ 2108 im Jahre 1985 eingeleitet. Inzwischen gibt es frontgetriebene Vollheckmodelle auch von AZLK und AvtoZAZ – hier der ZAZ 1102 bei der Bremsprüfung. Foto: Billeb

sind die Produktionsanlagen praktisch verschlissen und bedürfen der Erneuerung, anfangs hocheffektive technologische Prozesse sind unökonomisch geworden, letztlich hat der technische Fortschritt auch das Modellkonzept überholt. Grundgedanken dieser Innovationsanalyse spiegelt offensichtlich das Perspektivprogramm der sowjetischen Automobilindustrie wider. Es fordert eine Modellerneuerung in rascherer Folge als bisher. Konsequent sollen Wirtschaftlichkeit, Komfort und Zuverlässigkeit der sowjetischen Pkw-Modelle erhöht werden. In der Fertigung sind die Maximen: die Steigerung von Arbeitsproduktivität und Qualitätsstandard durch beschleunigte Einführung fortschrittlicher Technologien. Maßstab für neue Modellkonzepte muß in jedem Fall der Weltstand – das Niveau der besten Pkw-Konstruktionen renommierter Hersteller – sein.
Um diese Ziele möglichst rasch zu erreichen, sollen die Herstellerbetriebe künftig zehn Prozent (bisher nur zwei) all ihrer Aufwendungen im Bereich Forschung und Entwicklung ausgeben. Mit Orientierung auf das Jahr 2000 wird parallel zur laufenden Weiterentwicklungsarbeit bestehender Modellreihen eine „Bank der Konstruktionen" angelegt. Ein achtjähriger Entwicklungszeitraum wie für den VAZ 2108 wird nach Ansicht der zuständigen Gremien in der Sowjetunion als nicht mehr vertretbar angesehen – maximal fünf Jahre soll das künftige Limit betragen.
Trotz des hohen Eigenbedarfs – gegenwärtig werden rund 64 Prozent der von sowjetischen Betrieben hergestellten Pkw an private Nutzer im Inland verkauft – und des bedeutenden Stellenwerts der Autos im „Komplexprogramm der Konsumgüter und Dienstleistungen 1986–2000" wird auf eine Erhöhung des Exportvolumens großer Wert gelegt, da nur so der Kauf modernster Ausrüstungen und Lizenzen auf dem Weltmarkt abgesichert werden kann. Den Herstellern werden dabei deutlich erweiterte Rechte in der Gestaltung und Realisierung von Entwicklungs- und Lieferverträgen mit Firmen in kapitalistischen Ländern zugestanden. Voraussetzung für die sich andeutende Modellvielfalt der sowjetischen Pkw-Industrie war nicht zuletzt die Schaffung riesiger Kapazitäten in der Entwicklung und Erprobung sowie im Musterbau von Prototypen. Man darf es deshalb als sehr vorausschauende Entscheidung werten, wenn praktisch parallel zum Ausbau der sowjetischen Kraftfahrzeugindustrie den Entwicklungsabteilungen der Hersteller eine Forschungszentrale mit modernster Ausrüstung und insgesamt 1200 Mitarbeitern zur Seite gestellt wurde. Mit dem Bau des Zentralen Forschungs- und Prüffelds

Modernstes und größtes Testzentrum für Kraftfahrzeuge im RGW ist der NAMI-Polygon vor den Toren Moskaus. Die Forschungskapazitäten sind nicht nur auf die Bedürfnisse der sowjetischen Industrie abgestimmt, sondern können auch von Herstellern der Partner-Staaten genutzt werden.
Foto: Billeb

für Kraftfahrzeuge bei Dmitrovsk und seiner künftigen Rolle als Leitinstitut für die staatliche Erprobung von Kraftfahrzeugen, Motoren und Baugruppen (NAMI) können die Entwicklungsprogramme der Hersteller koordiniert und direkt beeinflußt werden. Vernachlässigt wird dabei keineswegs die spezifische Rolle des Herstellers bei der Fahrzeugentwicklung, wie der Bau eines vollkommen neuen wissenschaftlich-technischen Zentrums für das Automobilwerk VAZ in Togliatti zeigt. Besondere Kompetenz fällt dem Forschungszentrum NAMI bei den Eignungstests neuer Konstruktionen zu, da dafür die Betriebe kaum über ausreichende Erfahrungen verfügen. So war die konstruktive Wende in Richtung Frontantrieb nur mit den vielfältigen Erprobungsmöglichkeiten und Vergleichsuntersuchungen auf dem Dmitrovsker Polygon, dem rund 2500 ha großen Versuchsgelände von NAMI, in so kurzer Zeit und auf so breiter Front möglich. Eine ähnliche Schrittmacherrolle zeichnet sich bei der geplanten Serieneinführung von Pkw-Dieselmotoren (VAZ), automatischen Wechselgetrieben, schadstoffreduzierender Katalysatortechnik (alle Pkw-Modelle) und Antiblockier-Bremssystemen ab.

Partner von NAMI sind nicht nur die etwa 70 Hersteller und Forschungseinrichtungen in der Sowjetunion, sondern auch wissenschaftliche Institute und Hersteller innerhalb des RGW, so das Prager Forschungsinstitut für Kraftfahrzeuge ÚVMV (ČSSR), der VEB Ingenieurbetrieb im IFA-Kombinat Personenkraftwagen (DDR), Autokut Budapest (Ungarn) sowie das Warschauer Institut für Kraftfahrzeugbau und das Büro Motoprojekt (Polen). NAMI bietet seinen Auftraggebern außerhalb des Landes kostengünstige Forschungs- und Erprobungsmöglichkeiten, nutzt aber andererseits auch die Ergebnisse der Entwicklungsarbeit von RGW-Partnern in spezialisierten Bereichen zur Vervollkommnung der eigenen Pkw-Modelle. Diese Koordinierung von Forschungskapazitäten, der Erfahrungsaustausch auf dem Entwicklungssektor und nicht zuletzt die vielfältigen persönlichen Kontakte zwischen den Wissenschaftlern liefern insgesamt gute Voraussetzungen für eine wachsende Integration der Automobilindustrien in den sozialistischen Ländern. Mehrere bi- und multilaterale themenbezogene Vereinbarungen zur Arbeitsteilung in der Forschung (Senkung der Schadstoff- und Geräuschemission, Verminderung von Vibrationen, Erhöhung der Zuverlässigkeit und Grenznutzungsdauer von Baugruppen, Verbesserung der aktiven und passiven Sicherheit) belegen diese Entwicklung. Von sowjetischen Betrieben und den RGW-Partnern gleichermaßen dringlich erwartet wird beispielsweise die Fertigstellung eines riesigen Windkanals für Strömungsuntersuchungen an kompletten Pkw in Originalgröße – eine wesentliche Voraussetzung für die aus Gründen der Kraftstoffökonomie geforderte Optimierung der Karosseriekonzepte hinsichtlich der Aerodynamik.

Aufgrund ähnlicher Problemstellungen ist es gestattet, die Forschungsschwerpunkte für NAMI für sämtliche Pkw-produzierenden Länder des sozialistischen Wirtschaftsgebietes in ihrer aktuellen Brisanz zu verallgemeinern. Die Verringerung des Kraftstoffverbrauchs, die Schaffung umweltfreundlicher Motorkonzepte, die Optimierung auf dem Antriebssektor, die Entwicklung komfortablerer und fahrsicherer Radführungssysteme, die Verbesserung der Aerodynamik bestehender und noch zu entwickelnder Karosserien sowie die Reduzierung von Korrosion und Verschleiß sind letztlich international auf der Tagesordnung stehende Entwicklungsaufgaben, um dem Individualverkehrsmittel Pkw auch künftig seine Existenzberechtigung zu sichern.

Eine rationelle Pkw-Fertigung mit marktgerechten Innovationszyklen wird künftig nur noch unter Einsatz flexibler Systeme der automatisierten Produktion möglich sein. Diese Systeme erhöhen Arbeitsproduktivität und Qualitätsstandard, und sie ersparen die komplette Erneuerung extrem teurer Fertigungseinrichtungen bei fäl-

Im Zuge einer langjährigen Montagekooperation zwischen den Automobilindustrien Polens (FSO) und Jugoslawiens werden Kombilimousinen vom jugoslawischen Partner zu geräumigen Hochdach-Krankenwagen umgebaut. Foto: Huhle

ligen Modellwechseln. Die Automobilhersteller im RGW, allen voran wiederum die leistungsfähige Industrie der Sowjetunion, stellen sich mit großem Engagement dieser notwendigen Technologiemodernisierung, einschließlich progressiver rechnergestützter Entwicklungsverfahren für Konstruktion und Fertigung. Im laufenden XII. Fünfjahrplan werden die sowjetischen Kraftfahrzeughersteller 2000 automatische Linien, mehr als 300 flexible Produktionssysteme und über 5000 Industrieroboter erhalten. Allein für die Automatisierung von Montageoperationen sollen 200 Roboterkomplexe und 1500 automatische Linien in Betrieb genommen werden. Ähnliches – wenn auch nicht in so großem Maßstab – läßt sich über die Pkw-Produktion in der DDR berichten. Der angestrebte Leistungszuwachs soll vorrangig durch die Steigerung der Kapazitäten im (betriebs-) eigenen Rationalisierungsmittelbau, verstärkten Robotereinsatz und beschleunigte Anwendung neuer Technologien und Verfahren erreicht werden. Wenn es im Zeitraum 1980 bis 1985 gelang, die Trabant-Produktion auf 127 Prozent zu steigern, dann war dies vor allem auf die verdreifachte Kapazität im Eigenbau von Rationalisierungsmitteln zurückzuführen. Gegenwärtig arbeiten bereits mehr als 1500 Industrieroboter in Betrieben des IFA-Kombinates Personenkraftwagen, technisch überwiegend realisiert in der Zusammenarbeit von Herstellerbetrieb und wissenschaftlichen Partnerinstituten. Ein noch weiter ansteigender Robotereinsatz soll Fertigungsprozesse umfassender automatisieren, körperlich schwere und gesundheitsgefährdende Arbeiten wesentlich einschränken und schließlich auch dringend benötigte Arbeitskräfte für andere Aufgaben freisetzen.

Der 9. Kongreß der Kammer der Technik der DDR im Jahre 1987 sicherte den 53 000 Automobilwerkern alle notwendige Unterstützung seitens der Wissenschaft für die Durchsetzung der flexiblen Automatisierung und der beschleunigten Einführung von CAD/CAM-Methoden in der Pkw-Industrie zu – ohne Frage eine

Zahlreiche Hersteller nutzen den Motorsport zur Erprobung von Seriendetails künftiger Modelle. So war der erfolgreiche Rallye-Bolide Škoda S 130 LR in den Jahren 1985/1986 Testobjekt für den weiterentwikkelten 1,3-l-Motor des neuen Škoda Favorit.
Foto: Huhle

zukunftsorientierte Entscheidung, die – teilweise modifiziert und auf nationale Wirtschaftsstrukturen Rücksicht nehmend – in ähnlicher Weise auch den Produktionsalltag in den Automobilwerken der anderen sozialistischen Ländern bestimmen wird.

BG

6

7

8

9

10

6 Aus dem Werksprospekt: Pirin-Fiat 850 Coupé ...
7 ... Pirin-Fiat 124 ...
8 ... Pirin-Fiat 124 Kombi.
Zeichnungen: Archiv Dünnebier
9 Bulgarrenault R 8.
Foto: Archiv Dünnebier
10 Bulgaralpine.
Foto: ADN-Zentralbild
11 Bulgarrenault R 10.
Foto: Dünnebier

11

1967 wurden die ersten Fahrzeuge des Typs Moskvič 408 unter der Bezeichnung „Rila 1400“ ausgeliefert. Entsprechend der Typenpolitik beim Moskauer Kleinwagenwerk folgten auch in Bulgarien die Moskvič-Typen 412 und 2140, die nur teilweise unter dem Markennamen „Rila 1500“ angeboten wurden.

In geringer Stückzahl wurden „Rila 1360“ entsprechend dem Moskvič 2138 gefertigt. Technisch entsprechen die bulgarischen Moskvič/Rila-Pkw den sowjetischen Originalen. Während zu Beginn der Montagearbeiten die vorgefertigten Karosserien mit zugelieferten Baugruppen ergänzt wurden, ging man zunehmend zur Montage von Einzelteilen über. Als Gegengeschäft liefern bulgarische Betriebe einzelne Bauteile (z. B. Filter und Teile der Fahrzeugelektrik) an die sowjetische Automobilindustrie.
Eine geringe Anzahl von Moskvič-Pkw wurde übrigens mit Dieselmotoren aus der bulgarischen Lizenzfertigung britischer Perkins-Motoren ausgerüstet.
Ab 1988 war auch in Bulgarien die Montage des neuen Moskvič-Frontantriebsmodells 2141 vorgesehen. Voraussichtlich soll dabei wieder der Markenname „Balkan“ Verwendung finden.

BG

Typ: Bulgarrenault R 8

Karosserie	
Form/Aufbau:	Limousine/selbsttragend
Türen/Sitzplätze:	4/4
Motor	
Typ	4-Zylinder-Reihen-Vergasermotor Sierra 950
Lage/Kühlung:	Heckmotor längs/flüssigkeitsgekühlt
Nockenwelle und Ventile:	OHV
Bohrung/Hub (mm):	65,0/72,0
Hubraum (cm^3):	956
Verdichtung:	8,5 : 1
Leistung (kW):	29 bei 5200 U/min
Max. Drehmoment (Nm):	76 bei 2500 U/min
Kraftstoffaufbereitung:	Fallstromvergaser
Kraftübertragung	
Antriebsart:	Heckantrieb
Kupplung:	Einscheiben Trocken
Getriebe:	4-Gang (Vollsynchron), Knüppelschalt.
Fahrwerk	
Vorderradführung:	Einzelradaufh. an Querl., Schraubenfed., Teleskop-stoßd., Querstab.
Hinterradführung:	Einzelradaufh. an Schubl. Schraubenfed., Teleskop-stoßd.
Bremse:	Scheibenbremse v, h (Einkreis)
Lenkung:	Zahnstange
Reifen/Felgen:	145 × 380/4 J × 15
Elektrik	
Batterie:	12 V 45 Ah
Gleichstromlichtmaschine:	22 A

12
Bulgarrenault R 8.
Foto: Archiv Dünnebier

Massen, Maße, Fahrleistungen	
Leermasse (kg):	755
Gesamtmasse (kg):	1100
Länge × Breite × Höhe (mm):	3995 × 1490 × 1361
Radstand (mm):	2270
Spurweite v/h (mm):	1256/1226
Bodenfreiheit (mm):	145
Wendekreisdurchmesser (m):	9,2
Kofferraumvolumen (dm^3):	240 + 60
Tankinhalt (l):	37
Höchstgeschwindigkeit (km/h):	132
Beschleunigung 0–100 km/h (s):	23,2
Kraftstoffverbrauch (l/100 km):	6,8 (Werk)

Vor allem für den Binnenmarkt fertigte das Balkan-Kombinat von 1966 bis 1968 aus Originalteilen etwa 450 Einheiten der Fiat-Typen 850, 850 Coupé, 124 und 124 Kombi. Diese Modelle wurden unter dem Namen „Pirin-Fiat" geführt.

Bulgarrenault in Plovdiv

In der zweiten Hälfte der 60er Jahre sind in Bulgarien weitere Kooperationsprojekte in Angriff genommen worden. In Plovdiv entstanden Bulgarrenault-Pkw. Die Fertigung begann 1967 und umfaßte die Typen R 8, R 10 und Bulgaralpine als Coupé oder Cabrio. Insgesamt sind bis 1971 etwa 3500 Fahrzeuge montiert worden. Neben den französischen Originalbaugruppen fanden auch einige Einzelteile aus bulgarischer Fertigung (z. B. Teile der Innenausstattung) Verwendung. Die Kunststoffkarosserien der Bulgaralpine-Sportwagen wurden übrigens auch in Bulgarien hergestellt.

1

2

Tschechoslowakische Automobilhersteller

Firma	Firmensitz	Produktionszeit	
Aero	Prag	1929–1951	
Č. A. S.	Prag	1912	
Gatter	Zakupy	1928	
Hönig	Hodonin	1925	
Jawa	Prag	1934–1938	
Kalenda	Prag	1925	
Kopřivnicka vozovka	Kopřivnice	1897–1919	auch Nkw
Krčil	Prag	1924	
Kroboth	Sternberk	1930	
Laurin & Klement	Mladá Boleslav	1905–1924	auch Nkw
Linser	Liberec	1906	
Myron	Zlin	1934	
Nejedlý (K. A. N.)	Kukleny	1911–1913	
Pánek	Rakovnik	1921	
Petrášek	Kukleny	1921–1921	
Praga	Prag	1908–1946	auch Nkw
Premier	Cheb	1913	
RAF	Liberec	1906–1913	
Sedlák	Prag	1925	
Škoda	Mladá Boleslav	seit 1925	auch Nkw
Smekal	Slatinăny	1912	
Tatra Kopřivnice	Kopřivnice	seit 1921	auch Nkw
Valés	Prag	1929	
Věchet	Nymburk	1911	
Velox	Prag	1906–1909	
Walter	Jinonice	1908–1935	auch Nkw
Wikov	Prostějov	1925–1933	
Zbrojovka (Zetka)	Brno	1924–1935	

Angaben nach: Kuba: Automobil v srdci Evropy.

ČSSR

CS

Auf dem Gebiet der ČSSR wurden seit dem Beginn der Motorisierung Ende letzten Jahrhunderts in ununterbrochener Folge Kraftfahrzeuge produziert. Die ältesten größeren Firmen waren die Nesselsdorfer Kraftwagenfabrik (später Kopřivnicka vozovka bzw. Tatra Kopřivnice), wo seit 1897 Automobile hergestellt werden, Laurin & Klement in Mladá Boleslav (später Škoda-Werke bzw. AZNP Mladá Boleslav) mit dem ersten Modell von 1905 sowie Praga in Prag und Walter in Jinonice (Automobilfertigung in beiden Werken ab 1908).

Die Wurzeln reichen noch weiter: Schon 1815 hatte der Prager J. Božek mit seinem Dampfwagen von sich reden gemacht, der leichter und leistungsfähiger als englische und französische Konkurrenzmodelle war. Und 1895 führte der Erfinder F. Křižik in Prag sein erstes Elektromobil vor.

3

4

5

Bilder S. 21
1 Praga Piccolo von 1931.
Foto: Dünnebier
2 Z 4 von 1935.
Foto: Dünnebier

3 Aero Minor II.
Foto: Archiv Kittler
4 Prototyp Velorex von 1960.
Foto: Werkbild
5 Der „Präsident" von 1897.
Foto: Werkbild
6 Eine Weiterentwicklung von 1899.
Foto: Dünnebier
7 Wettbewerbsfahrzeug von Thomas Liebig, ein Nesselsdorfer von 1899.
Foto: Dünnebier
8 Tatra 11 in Landaulett-Ausführung.
Foto: Archiv Dünnebier

Insgesamt waren es über zwei Dutzend Firmen, die Autos bauten und teilweise auch außerhalb des Landes absetzen konnten. Einige setzten lediglich – als sogenannte Konfektionäre – Motoren anderer Hersteller in eigenentwickelte oder angekaufte Fahrgestelle (z. B. C. A. S.), andere konstruierten z. T. aufsehenerregende Autos in eigener Regie. Der Höhepunkt der Vorkriegs-Automobilfertigung lag in den 20er Jahren, als neben den in großen Stückzahlen fließbandgefertigten Autos auch eine Vielzahl von Prototypen – vor allem für Sportzwecke – entstanden.

Der größte Automobilhersteller war Praga, dessen Jahresausstoß etwa dem von Škoda und Tatra zusammen entsprach.
Während der Okkupationszeit ruhte die Automobilfertigung für den zivilen Sektor fast völlig. Statt dessen mußten Rüstungsgüter, darunter auch Militärfahrzeuge, hergestellt werden. Die Kampfhandlungen verwüsteten dann auch einen Teil der Fertigungsanlagen des tschechoslowakischen Automobilbaus.

Nach dem Ende des zweiten Weltkriegs beschränkte sich die Automobilfertigung auf die Firmen Škoda, Tatra, Praga und Aero. Praga baute von 1946 bis 1948 je 150 Einheiten der Vorkriegsmodelle Lady 8 (wassergekühlter Vierzylindermotor, 1660 cm^3 Hubraum, 26 kW) und Piccolo 35 (wassergekühlter Vierzylindermotor, 1128 cm^3 Hubraum, 21 kW) bevor man sich 1948 entgültig dem Bau von Nutzkraftfahrzeugen zuwandte. Übrigens wurde ebenfalls bis 1948 der Vorkriegs-Aero 30 (Zweizylindermotor, 999 cm^3, 21 kW) in kleiner Serie bei Praga gefertigt.

CS

6

7

8

Noch während der Zeit der Okkupation hatten Jawa und Aero neue Modelle entwickelt. Bei Aero blieb man zwar beim Zweitaktmotor, setzte aber nun auf den Heckantrieb. Die Modelle Pony (Zweizylindermotor, 745 cm^3, 29 kW bei 3200 U/min) und Rekord (Vierzylindermotor, 1491 cm^3 Hubraum, 29 kW bei 3400 U/min) blieben jedoch Einzelstücke. Die Firma übernahm stattdessen das Jawa-Vorkriegsmodell Minor, das bei Aero von 1946 bis 1950 in Rudy Letov (zugehörig zum Werk Prag-Letňany) montiert wurde. Das von einem Zweitakt-Zweizylindermotor (616 cm^3 Hubraum, 15 kW bei 3500 U/min) frontgetriebene, 690 kg schwere Auto erreichte eine Höchstgeschwindigkeit von 100 km/h und brauchte 35 Sekunden aus dem Stand auf 80 km/h. Tests ergaben einen Durchschnittsverbrauch von 8 l/100 km. Abgeleitet vom Aero Minor II wurde 1949 eine zweitürige Sportvariante mit 747-cm^3-Motor (21 kW), die beim 1949er 24-Stunden-Rennen von Le Mans den zweiten Platz in ihrer Leistungsklasse erreichte! Ein Prototyp blieb der 1951 vorgestellte Minor III mit 650-cm^3-Motor und 17 kW Höchstleistung.

Ab 1957 entstanden im nordböhmischen Werk Solnice Velorex-Dreiradautos, angetrieben von Jawa-Einzylindermotorradmotoren (249 cm^3 Hubraum, 7 kW). 1960 folgte dort ein vierrädriger Prototyp eines Kleinstcabrios mit 344-cm^3-Jawa-Motor (12 kW). Im Zuge des Aufbaus der volkseigenen Industrie und der damit verbundenen Neuprofilierung der Wirtschaft wurden künftig Personenkraftwagen nur noch von Škoda und Tatra gefertigt. Wäh-

9

10

Die wichtigsten Tatra-Modelle bis zum zweiten Weltkrieg

Typ	Produktionszeit	Motor			Bemerkungen
		Zylinderzahl	Hubraum (cm³)	Höchstleistung (kW) bei Drehzahl (U/min)	
Präsident	1897	2	2750	4	Einzelstück
B	1902	2	3188	9	30 Einh.
E	1904	2	3775	12	8 Einh.
10	1921	6	5341	48	
11	1923/1926	2	1056	9 b. 2800	3540 Einh.
12	1926/1934	2	1056	10 b. 2000	7525 Einh.
17	1926	6	1930	26 b. 3000	
17/31	1926	6	2310	30 b. 2000	
30	1926	4	1680	18	900 Einh.
31	1926	6	2310	29	450 Einh.
52	1930	4	1910	22 b. 3000	
54	1931	4	1405	16	1500 Einh.
57	1931	4	1155	13 b. 3500	
70	1931	6	3406	48 b. 3000	50 Einh.
80	1931/1938	V12	5990	85 b. 3000	22 Einh.
75	1933/1939	4	1688	22 b. 3500	
77	1933/1934	V8	2973	44 b. 3500	100 Einh.
70 A	1934/1936	6	3845	52 b. 3600	
77 A	1935/1937	V8	3380	52 b. 3500	150 Einh.
57 A	1936/1951	4	1155	15 b. 3500	
87	1936/1950	V8	2968	55 b. 3500	
97	1936	4	1749	29 b. 3500	508 Einh.
57 B	1938/1948	4	1256	18 b. 3000	
57 K	1941/1947	4	1256	17 b. 3000	

rend der traditionsreichere Hersteller in Kopřivnice neben einem reichgefächerten Lkw-Programm ausschließlich schwere Luxuslimousinen in kleiner Stückzahl montiert, kommt das Gros der tschechoslowakischen Autos – fast 99 Prozent – aus den AZNP-Betrieben Mladá Boleslav und Vrchlabi sowie aus dem Automobilwerk Bratislava BAZ (Zweigwerk Kvasiny). Diese PKW konnten sich mit rund 60 000 Einheiten pro Jahr kontinuierlich auf dem Weltmarkt behaupten – weniger wegen technischer Raffinessen, als aufgrund ihrer Wirtschaftlichkeit und des günstigen Preises. Reden machten von sich tschechoslowakische Autos immer wieder wegen ihrer Sportmodelle, die – vor allem im Breitensport – in den verschiedensten Klassen und Disziplinen erfolgreich waren.

Tatra Kopřivnice

Das heutige Kombinat ist der älteste Automobilhersteller in der Tschechoslowakei. Gegründet wurde die vormalige Nesselsdorfer Firma 1850 als „Wagenfabrik Schustala & Co.". Sie war auf Kutschen, Eisenbahnwaggons und später auch Automobile und Flugzeuge spezialisiert. Das erste Fahrzeug mit Verbrennungsmotor war der 1897 entstandene „Präsident". Von diesem kutschenähnlichen Motorwagen wurden innerhalb von zwei Jahren zwei Exemplare gebaut, bis 1899 sieben weitere

11

12

9 *Tatra 57 × C Bohemia von 1936.*
Foto: Dünnebier
10 *Tatra 87 – dank strömungsgünstiger Karosserie erreichte der mit einem 55-kW-Motor ausgerüstete Wagen 160 km/h.*
Foto: Kittler
11 *Tatraplan.*
Foto: Archiv Kittler
12 *Tatraplan Cabrio – eine Sonderausführung.*
Foto: Dünnebier

Einzelstücke namens Meteor, Nesselsdorfer, Wien, Bergsteiger, Versucher, Auhof und Spitzbub. Ihre Ausstattung war je nach Kundenwunsch verschieden. Angetrieben wurden sie alle vom bisher verwendeten 2,8-l-Benz-Motor.
1900 baute die Firma mehrere Versionen der A-Serie, deren 2,8-l-Motoren inzwischen 7 kW erreichten. Ein auf 9 kW gesteigerter A-Vierer wurde sogar in 17 Einheiten gebaut. Ein in jenem Jahr startender Rennwagen erreichte stolze 112 km/h. Experimentiert wurde – wie bei vielen anderen Firmen – auch mit einem Elektrofahrzeug.
Ab 1905 wurde die technische Entwicklung von Tatra ganz entscheidend von Chefkonstrukteur Hans Ledwinka geprägt, der nur für ein kurzes Zwischenspiel bei Steyr (1916 bis 1921) die Firma verließ. Er entwarf – als späterer Pionier luftgekühlter Motoren – u.a. auch das wassergekühlte OHC-Antriebsaggregat des Typs T von 1914. Das Jahr 1921 brachte der Firma Kopřivnice die Fusion mit den Prager Ringhoffer-Waggonfabriken.
Mit dem Tatra 11 von 1923 begann die Serienproduktion von Kleinwagen in der Tschechoslowakei. Revolutionär waren die hinteren gelenklosen Pendel-Halbachsen, die unabhängige Einzelradaufhängung aller Räder und vor allem der Zentralrohrrahmen statt des üblichen Kastenrahmens. Am Rahmen (Rohrdurchmesser 110 mm) waren vorn Motor und Getriebe sowie Teile der Vorderachse angebaut. Hinten war die komplette Hinterachse inklusive Federung angeflanscht. Das nur 680 kg schwere Fahrzeug erreichte maximal 70 km/h.

Die wichtigsten Tatra-Modelle nach dem zweiten Weltkrieg

Typ	Produktionszeit	Motor: Zylinderzahl	Motor: Hubraum (cm³)	Motor: Höchstleistung (kW) bei Drehzahl (U/min)	Höchstgeschwindigkeit (km/h)	Länge × Breite × Höhe (mm)	Radstand (mm)	Betriebsmasse (kg)	Bemerkungen
600	1947/1952	4	1952	38 b. 4000	150	4540 × 1670 × 1520	2700	1180	
600 Diesel	1948	4	1952	30					3 Prototypen
603/603-1	1956/1963	8	2472	74 b. 4800	170	5065 × 1910 × 1530	2750	1470	
2–603	1963/1975	8	2545	77 b. 4800	170			1510	
613	ab 1973	8	3495	121 b. 5200	190	5025 × 1800 × 1505	2980	1670	
613–3	ab 1986	8	3495	123 b. 5200	190	5000 × 1800 × 1505	2980	1690	
613 S	ab 1982	8	3495	123 b. 5200	190	5185 × 1800 × 1505	3130	1840	Automatik

Produktionszeit 603–1: 1959/1963

Tatra-Gesamtproduktion nach 1945

Typ	Einheiten
57 B	4011[1])
87	1752
600	4235[2])
603	20422
613	5194[3])

Angaben nach: Drobný/Minářik: Československé automobily 1945–1985.
[1]) insgesamt seit Produktionsbeginn 22000 Einheiten
[2]) zusätzlich 2100 Einheiten bei Škoda gefertigt
[3]) Stand 1985

Das robuste Auto mit seinem luftgekühlten Zweizylinder-Boxermotor war Ausgangspunkt der weiteren Entwicklung bei Tatra für die nächsten 20 Jahre – sowohl für Pkw, als auch für Lkw. Bei einem Jahresausstoß von rund 1000 Einheiten verließen mehrere zehntausend Fahrzeuge das Werk. Es ging weiter mit dem verbesserten Tatra 12 mit Vierradbremsen und endete beim bis in die Nachkriegszeit hinein produzierten Tatra 57.

Großes Aufsehen erregte der 1939 vorgestellte Tatra 77, einer der am konsequentesten strömungsgünstig geformten Serienwagen jener Zeit. Beibehalten bis in die Gegenwart wurde seine Antriebskonzeption: der luftgekühlte große Boxermotor im Heck und die rahmenlose Konstruktion. Typisch war die Lage des Motors hinter und des Getriebes vor der Hinterachse. Wenngleich Tatra in jener Zeit auch ein vielbeachtetes Zwölfzylindermodell (Typ 80) fertigte – ein ähnlich exklusives Auto baute in der Tschechoslowakei nur noch die Firma Walter – beließ man es beim Typ 77 bei acht Zylindern.

Abgeleitet von diesem Auto wurden der Tatra 87 und der Tatra 97. Fast alle Typen gab es auch mit Spezialkarosserien, die meist von der renommierten Firma Sodomka in Vysoké Mýto stammten.

Eine Modifikation des 97er Modells war der Tatra 600 (Tatraplan), der nach dem zweiten Weltkrieg parallel neben den bisherigen Typen 57 und 87 ins Programm kam. Auch diese Typen erfuhren Veränderungen: 1948 wurden die bisher freistehenden Scheinwerfer des T 87 nach Tatraplan-Beispiel in die Kotflügel versetzt.

13 Tatra 603.
Foto: Kittler
14 Ein Prototyp des Tatra 603-Nachfolgers im Werksmuseum.
Foto: Dünnebier

CS

13

14

Der Tatraplan mit seiner zweigeteilten Frontscheibe hatte erstmals sechs statt der Tatra-typischen vier Seitenfenster. Ab 1951 erhielt er ein vergrößertes Heckfenster. Der 2-l-Boxermotor verfügte nun über eine zentrale Nockenwelle. Neu an der Hinterradaufhängung war die Pendelachse mit Längslenkern und Torsionsstab (T 87 : Halbelliptikfedern). Vorn blieb es bei zwei Querblattfedern. Dem Tatraplan war übrigens ein Prototyp (107) mit kleinerem 1750-cm^3-Motor vorausgegangen. Versuchsweise gab es auch ein Dieselmodell und Sportausführungen, darunter den Monoposto Tatra 607 (1950 bis 1953), dessen Spitzengeschwindigkeit bei 208 km/h lag. 2000 Stück des Tatraplan wurden dann bei Škoda gebaut, als sich Tatra auf die Spezialisierung auf Lastkraftwagen vorbereitete.
Ebenfalls nur in kleiner Serie lief das Achtzylindermodell Tatra 603/603-1 vom Band. Dieses im traditionellen Stil großer Tatra-Limousinen gestaltete Modell war vorn und hinten mit Schraubenfedern (McPherson-Federbeinen) versehen.
Die erneute Version 2-603 (intern auch Tatra 603 F/H genannt) wurde von einem vergrößerten Motor angetrieben und blieb – parallel zum Nachfolgemodell – bis 1975 im Programm. Abgeleitet vom 603 hatte BAZ einen 13sitzigen Kleinbus, der allerdings nie in die Serienfertigung ging. Die Nullserie des vorerst letzten Tatra-Pkw-Modells 613 mit leistungsstarkem 3,5-l-Motor lief 1973 im Zweigwerk Pribor (seit 1951 zu Tatra gehörig) an. Anders als beim hecklastigen T 603 lag der Motor nun direkt über der Hinterachse.

CS

15

15 Tatra 613.
Foto: Werkbild

16 Tatra 613 S mit H-4-Blockscheinwerfern, verlängertem Radstand, verringerter Bodenfreiheit sowie Tempomat und Zentralverriegelung.
Foto: Werkbild

16

Während der Tatra 603 von Zdeňek Kovar gestylt wurde, entstand der Gestaltungsentwurf für den T 613 beim italienischen Design-Studio Vignale. Mit Viergangautomatik, Klimaanlage und versachlichtem Äußeren – verlängerter Radstand, Breitscheinwerfer – vorgestellt, wurde 1982 der Tatra 613 S (Special). Modifikationen an Karosserie und Interieur gab es wiederum zwei Jahre später (Typ 613-2). Als Einzelstücke entstanden viertürige Cabrio-Varianten des T 613. Nie über das Prototypenstadium hinaus kam ein zweitüriges Coupé (Tatra 613 RTP). Ebenfalls nur laut nachgedacht wurde über einen neuzuentwickelnden Sechszylindermotor.
Letzte Konstruktionsverbesserungen am neuesten Modell Tatra 613-3 – vor allem hinsichtlich Wirtschaftlichkeit und Fahrsicherheit – wurden 1986 serienwirksam. Die Jahresproduktion lag nun bei rund 400 Einheiten.

AZNP Škoda in Mladá Boleslav

Vorgänger des heutigen Kombinates AZNP waren die Reichenberger Automobilfabrik (RAF) in Liberec – wo von 1906 bis zum ersten Weltkrieg zuerst Pkw und ab 1908 auch Lastkraftwagen sowie Busse gebaut wurden – und Laurin & Klement in Turnov bei Mladá Boleslav, wo von 1905 bis 1925 eine Vielzahl verschiedenster Automobile entstanden. RAF ging 1913 in das Unternehmen von Laurin & Klement ein, wobei die großen RAF-Modelle und Autos mit lizenzierten Schiebermotoren

17 Tatra 613-3 mit Rundscheinwerfern und modernisiertem Äußeren. Foto: Werkbild

Typ: Tatra 613-3

Karosserie	
Form/Aufbau:	Limousine/selbsttragend
Türen/Sitzplätze:	4/5
Motor	
Typ:	8-Zylinder-V-Vergasermotor T 613 E 1
Lage/Kühlung:	Heckmotor längs/luftgekühlt
Nockenwelle und Ventile:	4 OHC
Bohrung/Hub (mm):	85,0/77,0
Hubraum (cm³):	3 495
Verdichtung:	9,2 : 1
Leistung (kW):	123 bei 5 200 U/min
Max. Drehmoment (Nm):	270 bei 3 300 U/min
Kraftstoffaufbereitung:	Doppelfallstromvergaser Jikov 32/34 SEDR
Kraftübertragung	
Antriebsart:	Heckantrieb
Getriebe:	4-Gang (Vollsynchron), Knüppelschalt.
Fahrwerk	
Vorderradführung:	Einzelradaufh. mit Stabil., unt. Querl., Federbeine, Zugstreben
Hinterradführung:	Einzelradaufh. m. Schrägl., Schraubenfed., u. Teleskopstoßd.
Bremse:	Scheibenbremse v, h mit Servo (Zweikreis)
Lenkung:	Zahnstange
Reifen/Felgen:	205/70 HR 14/6 J × 14
Elektrik	
Batterie:	12 V 75 Ah
Drehstromlichtmaschine:	55 A

Massen, Maße, Fahrleistungen	
Leermasse (kg):	1 690
Gesamtmasse (kg):	2 160
Länge × Breite × Höhe (mm):	5 000 × 1 800 × 1 440
Radstand (mm):	2 980
Spurweite v/h (mm):	1 520/1 520
Bodenfreiheit (mm):	160
Wendekreisdurchmesser (m):	12,5
Kofferraumvolumen (dm³):	430
Tankinhalt (l):	2 × 36
Höchstgeschwindigkeit (km/h):	190
Beschleunigung 0–100 km/h (s):	11,4
Kraftstoffverbrauch (l/100 km):	10,6/12,8/16,2 (90 – 120 km/h – Stadt [ECE])

Der in kleiner Stückzahl überwiegend für Behörden gefertigte T 613-3 hat ein unverwechselbares Äußeres, markant durch die stilistisch umstrittenen Doppel-Rundscheinwerfer und das angedeutete Stummelheck mit eingezogener Heckscheibe. Ihre ungewöhnliche Anordnung – einst Kennzeichen avantgardistisch gestylter Autos aus Frankreich – soll der Heckscheibenverschmutzung entgegenwirken.
Der Tank des Fahrzeugs liegt ECE-gerecht unterhalb der Fondsitze. Unter dem Zwischenboden des vorderen Kofferraums befinden sich Benzinheizung, Reserverad und Batterie. Das Armaturenbrett ist geprägt durch das gepolsterte Zweispeichenlenkrad sowie fünf Rundinstrumente (Tachometer, Drehzahlmesser, Benzinuhr, Öldruckmesser, Zeituhr).
Die wichtigste Sonderausführung des T 613 ist der 613 S (Special). Die Außenlänge wurde auf 5 185 mm und der Radstand auf 3 130 mm verlängert, während die Bodenfreiheit auf 160 mm schrumpfte. Neben der serienmäßigen Automatik ist auch die Ausrüstung mit einer Klimaanlage möglich. Zu den Spezialausführungen zählt u. a. das Rennsport-Einsatzfahrzeug T 623.

CS

18 *Laurin & Klement von 1909.*
Foto: ADN-Zentralbild

18

Die wichtigsten Laurin & Klement-/Škoda-Modelle bis zum zweiten Weltkrieg

Typ	Produktionszeit	Motor: Zylinderzahl	Motor: Hubraum (cm³)	Motor: Höchstleistung (kW) bei Drehzahl (U/min)	Betriebsmasse (kg)	Bemerkungen
Laurin & Klement						
A	1905/1911	2	1005	4 b. 1500	685	
B	1906/1913	2	1395	7		
D	1907	4	3400	13		Viersitzer
E	1907	4	4562	21		
B2	1907/1917	2	1595	6		
C2	1907/1916	2	2278	9		
F	1907/1918	4	2427	10		
FF	1907	8	4854	33		Sechssitzer
BS 2/4/6	1908/1911	2	1395	7		Zwei- u. Viersitzer
G	1908/1913	4	1548	9		
L/LC2/LC4	1909/1917	4	3627	27		
N/ENC4/ENM	1909/1911	4	5702	33		Sechssitzer
GDV/GDVC/GDVT/GDVR/GDVF	1910/1917	4	2660	13		Taxi
FN	1910/1915	4	2660	17		
ENS/ENSC4	1910/1911	4	7350	44		
K	1910/1921	4	4240	31		
LK	1911/1912	4	4072	18		
S/Sa/Sb/Sc	1911/1914	4	1766	12		Zweisitzer
O	1913/1915	4	2715	22		
Sd/Se/Sg	1913/1914	4	1843	15		
T	1914/1920	4	1220	10		
OK	1914/1915	4	2417	22		
MD/ME/MF/MG/MH/MI	1917/1924	4	4712	37		Sankra
Sil/So/Sp/200/205/210	1920/1925	4	2402	22 bzw. 18		auch Lieferwagen
100/105/110	1922/1925	4	1794	15		
150	1922/1925	4	1460	19		Sechssitzer
350	1921/1927	6	3498	37		
450	1924/1925	6	4962	52		

19

19 *Škoda Popular von 1936.*
Foto: Dünnebier

CS

Typ	Produktionszeit	Motor			Betriebs-masse	Bemerkungen
		Zylin-der-zahl	Hubraum (cm³)	Höchstleistung (kW) bei Drehzahl (U/min)	(kg)	
Škoda						
125	1927/1928	4	1944	22		
360	1926/1928	4	3969	40		Sechssitzer
4R	1928/1930	4	1944	24		
6R	1928/1930	6	2916	37		
430	1929/1932	4	1655	22 b. 3000	1150	
645	1929/1932	6	2490	33 b. 3000	1840	
422	1929/1931	4	1195	16		
860	1930/1931	8	3888	44		
430 D	1930/1936	4	1802	24 b. 3500		Sechssitzer
633	1931/1934	6	1792	34 b. 3000	1365	Viersitzer
637	1932/1933	6	1961	27 b. 3000		
420 Standard	1933/1934	4	995	15		
Popular 420 0,9	ab 1934	4	903	13		Viersitzer
Popular 420 1,0	1934/1937	4	995	15 b. 3000	860	
Rapid 420	1934/1935	4	1165	19 b. 3000	1030	
Superb 640	1934/1936	6	2491	40 b. 3200		Sechssitzer
Rapid II	1935/1936	4	1386	23 b. 3500	1090	
Popular III	1935/1938	4	995	16		
Superb 640 II	1936	6	2703	44 b. 3200		Sechssitzer
Popular IV	1937/1938	4	995	20		
Superb II	1937/1940	6	2914	48 b. 3200	1700	Sechssitzer
Popular 1100 OHV	1938/1943	4	1089	22 b. 3500	920	
Rapid 1500 OHV	1938/1943	4	1558	31 b. 3500	1080	
Superb 3000 OHV	1938/1946	6	3140	59 b. 3600	1940	Sechssitzer
Popular SV-995	1939/1946	4	995	16 b. 3500		
Favorit 2000 OHV	1940/1941	4	2091	40		
Superb 4000	1940	6	3990	74 b. 3000		Sechssitzer
Superb Kfz 15	1942/1943	6	3140	63		Militärfahrzeug

Angaben nach: Drobný/Minářik: Československé automobily 1945–1985.
Kuba: Automobil v srdci Evropy.

20

21

22

im Programm verblieben. Nach dem Krieg kam die solcherart vergrößerte Firma in derartige finanzielle Schwierigkeiten, daß nur noch die Fusion mit den Škoda-Werken in Plzen blieb. Damit verbunden war eine Spezialisierung: Lkw und Busse mit über 3 t Nutzmasse wurden künftig nur noch in Plzen gefertigt, während in Mladá Boleslav vor allem Personenkraftwagen sowie Karosserien für andere Škoda-Fahrzeuge gebaut wurden. Nach einer umfassenden Rekonstruktion des Werkes debütierte Škoda 1929/30 mit dem Vierzylinder-Serienwagen 422/430 D und den Sechs- bzw. Achtzylinder-Luxuswagen 645 und 860.
Erster Großserientyp und Basis der weiteren Entwicklung war 1933 der Škoda 420 (Popular), der in zahlreichen Versionen gebaut wurde. Dieses Auto verfügte über zahlreiche Baugruppen, die – ähnlich dem Tatra 11 – gleichermaßen genial und einfach waren: Zentralrohrrahmen, Pendelhalbachsen und Einzelradaufhängung prädestinierten den Popular geradezu für schlechte Straßenverhältnisse. Genau wie das Modell Rapid erfreute sich deshalb der Popular auch im Ausland – vor allem in Südamerika, Asien und Afrika – beachtlicher Nachfrage. Die Jahresproduktion bei Škoda erreichte 1935 15 000 Einheiten, davon 11 000 Pkw. Die Annexion der Tschechoslowakei und die Zeit des zweiten Weltkriegs machten der Automobilfertigung für den zivilen Sektor ein Ende. Statt dessen wurden auch in Mladá Boleslav Rüstungsgüter gefertigt, darunter solche Militärfahrzeuge wie der Superb Kfz 15.

23

24

20 Abgeleitet vom Škoda Popular: Škoda 1101 von 1946. Foto: Archiv Kittler
21 Škoda 1101 in Ambulanzausführung. Foto: ADN-Zentralbild
22 Škoda Superb von 1947. Foto: Archiv Kittler
23 Škoda 1102. Foto: Werkbild
24 Škoda 1200 von 1952. Foto: ADN-Zentralbild
25 Škoda 440 von 1955. Foto: ADN-Zentralbild

25

In der Nachkriegszeit avancierte Škoda zur wichtigeren der beiden Säulen der tschechoslowakischen Pkw-Industrie. Der Neubeginn konzentrierte sich auf die Wiederauflage des erfolgreichen Vorkriegstyps Popular 1100, zuerst unter dem Namen Škoda 1101 Tudor (abgeleitet vom englischen Two-door). Der zweitürigen Limousine folgten Cabriolimousine und Lieferwagen. Erst 1948 kam eine viertürige Limousine heraus. 1949 begann die Produktion des etwas überarbeiteten Škoda 1102, äußerlich erkennbar am grobmaschigeren Querstabkühler und der geteilten Windschutzscheibe. Von diesem Typ gab es auch einen Kombiwagen. Nur in insgesamt 402 Einheiten wurden andere Vorkriegstypen wie Rapid, Superb und Popular 995 aufgelegt. Dazu kam – in ebenfalls geringer Stückzahl – der Tatra 600.

Erste wirkliche Neuentwicklung war der Škoda 1200 von 1952. Auch hier wurde auf Bewährtes zurückgegriffen: Zentralrohrrahmen und hintere Pendelachsen sowie der Motor entsprachen früheren Entwicklungen, während vorn je ein zusätzlicher stabilisierender Querlenker zum Einsatz kam. In jener Zeit wurden dem Hauptwerk in Mladá Boleslav die Zweigwerke in Vrchlabi und Kvasiny zugeordnet, die künftig spezielle Škoda-Versionen übernahmen.

Dem Modell 1200 folgten als Abrundung des Programms nach unten im Jahre 1955 der 440 – dessen Bezeichnung vom Vierzylindermotor und von der Außenlänge (4 m) herrührte – sowie 1957 der stärkere 445 mit dem Motor des Škoda 1200. Davon abgeleitet wurde der Roadster 450, dem bereits ein allerdings sehr futuristisch gestylter Cabrioprototyp vorausge-

CS

26

27

28

29

26 Škoda 450 von 1957. Foto: ADN-Zentralbild
27 Škoda Octavia Kombi. Foto: Kittler
28 Škoda Felicia. Foto: Kittler
29 Škoda 1201 STW. Foto: Sammlung Obst

CS

30 *Škoda Octavia.*
Foto: Kittler

Typ: Škoda Octavia

Karosserie

Form/Aufbau:	Limousine/ Zentralrohrrahmen
Türen/Sitzplätze:	2/5
Motor	
Typ:	4-Zylinder-Reihen-Vergasermotor
Lage/Kühlung:	Frontmotor längs/ flüssigkeitsgekühlt
Nockenwelle und Ventile:	OHV
Bohrung/Hub (mm):	68,0/75,0
Hubraum (cm³):	1089
Verdichtung:	7,5 : 1
Leistung (kW):	29 bei 4500 U/min
Max. Drehmoment (Nm):	83 bei 3000 U/min
Kraftstoffaufbereitung:	Fallstromvergaser Jikov 32 SOPc
Kraftübertragung	
Antriebsart:	Heckantrieb
Kupplung:	Einscheiben Trocken
Getriebe:	4-Gang, Lenkradschalt.
Fahrwerk	
Vorderradführung:	Einzelradaufh. an ob. u. unt. Querl., Schraubenfed. m. innenl. Teleskopstoßd.,
Hinterradführung:	Pendelachse m. Querblattfed. u. Teleskopstoßd.
Bremse:	Trommelbremse v, h
Lenkung:	Schraube und Lenkmutter
Reifen/Felgen:	5.90-15/4 J × 15
Elektrik	
Batterie:	12 V 35 Ah
Gleichstromlichtmaschine:	200 W

Massen, Maße, Fahrleistungen

Leermasse (kg):	925
Gesamtmasse (kg):	1270
Länge × Breite × Höhe (mm):	4065 × 1600 × 1430
Radstand (mm):	2390
Spurweite v/h (mm):	1200/1250
Bodenfreiheit (mm):	175
Wendekreisdurchmesser (m):	10,6
Kofferraumvolumen (dm³):	360
Tankinhalt (l):	30
Höchstgeschwindigkeit (km/h):	120
Kraftstoffverbrauch (l/100 km):	7,5 (70 km/h [Werk])

Der ab 1959 gebaute Škoda Octavia setzte die Tradition des bekannten Vorkriegsmodells Popular konsequent fort. Genau wie sein unmittelbarer Vorgänger, der Typ 440 (als Spartak bzw. Orlik vorgestellt), besaß er einen 29 kW starken 1,1-l-Motor. Ein stärkeres und größeres Antriebsaggregat trieb den Octavia Super an. Der Octavia TS (Touring Sport) verfügte über den Felicia-Motor mit Doppelvergaser. Übrigens gab es speziell für den australischen und neuseeländischen Markt die Spezialausführung „Trekka". Vom Octavia abgeleitet wurde eine Kombiversion, die 1960 in Brno erstmals präsentiert worden ist.

31

32

33

31 Škoda Octavia Kombi (1969, modernisierte Form).
Foto: Kittler
32 Škoda 1202 (modernisierte Form).
Foto: Kittler
33 S 120 Kombi – ein Prototyp von BAZ.
Foto: Huhle

gangen war. Weiterentwicklungen der 400er Reihe waren ab 1959 die Modelle Octavia und Felicia. Verbessert wurde hier die Vorderachse (statt Querblattfeder und obere Dreiecklenker jetzt Schraubenfedern mit innenliegenden Teleskopstoßdämpfern, Torsionsstäbe, obere und untere Querlenker), während die Hinterradführung an Querblatt und Teleskopstoßdämpfern beibehalten wurde. Die Pendelachse erhielt eine progressive Federkennung. Äußerlich verändert waren das Kühlergesicht, die Heckleuchten sowie das Armaturenbrett einschließlich des Sicherheitslenkrads mit tiefliegender Nabe. Einen hubraumgrößeren und leistungsstärkeren Motor erhielt der Octavia Super. Weitere Modelle waren der Octavia Kombi sowie der Felicia/Felicia Super, der vor allem durch den Einsatz eines Doppelvergasers auf 37 bzw. 39 kW bei 5740 U/min kam. Mit dem 1221-cm^3-Motor versehen war auch der Škoda-Transporter 1203, der bis heute – nun aber mit 1433-cm^3-Motor als 1203 M – bei TAZ in Trnava gefertigt wird und von dem bis 1985 insgesamt 65 590 Einheiten entstanden.
Als nächstgrößeres Modell war – als Nachfolger des 1200 – ab 1956 die Version 1201 im Programm, bis 1958 auch als Limousine, danach nur noch als Kombi oder Pickup. Neben dem Octavia Kombi entstand dann – auf

Die wichtigsten Škoda-Modelle nach dem zweiten Weltkrieg (alle mit Vierzylinder-OHV-Motor)

Typ	Produktionszeit	Hubraum (cm³)	Höchstleistung (kW) bei Drehzahl (U/min)	Höchstgeschwindigkeit (km/h)	Länge × Breite × Höhe (mm)	Radstand (mm)	Betriebsmasse (kg)	Bemerkungen
1 101	1946/1951	1 089	24 b. 4 600	100		2 480	920	auch Lieferwagen u. Sankra
1 102	1949/1951	1 089	24 b. 4 600	100		2 480	920	Zweisitzer
1 200	1952/1958	1 221	27 b. 4 000	105		2 690	1 050	
440	1955/1959	1 089	29 b. 4 200	115	4 065 × 1 600 × 1 430	2 400	920	
1 201	1955/1961	1 221	33 b. 4 200	115		2 690	1 020	1958/1961 nur als Kombi u. Pickup
445	1957/1959	1 221	33 b. 4 200	120	4 065 × 1 600 × 1 390	2 400	930	
450	1958/1959	1 089	37 b. 5 500	135	4 065 × 1 600 × 1 430	2 400	930	
Octavia	1959/1964	1 089	29 b. 4 500	120		2 400	930	
Felicia	1959/1964	1 089	37 b. 5 000	140		2 400	940	
Octavia S	1959/1964	1 221	33 b. 4 200	125		2 400		
Felicia S	1961/1964	1 221	39 b. 5 000			2 400		
Octavia TS	1961	1 221	29 b. 4 500			2 400		
1 202	1961/1973	1 221	35 b. 4 500	100	4 485 × 1 700 × 1 580	2 685	1 100	Kombi, Lieferwagen, Pickup, Sankra
Octavia K	1961/1971	1 221	35 b. 3 700	125	4 005 × 1 600 × 1 430	2 400		Kombi
1000 MB	1964/1969	988	29 b. 4 650		4 170 × 1 620 × 1 440	2 400	855	
1000 MBX	1966	988	35 b. 4 750	130	4 170 × 1 620 × 1 430	2 400	845	auch 1000 MBG, 1 100 MBX
1100 MB	1964/1969	1 107	35 b. 4 750	135	4 170 × 1 620 × 1 440	2 400	915	
S 100	1969/1977	988	35 b. 4 750	130	4 455 × 1 620 × 1 380 (S 100, S 110)	2 400 (S 100, S 110)	905	
S 110	1969/1976	1 107	39 b. 5 000	135			955	
S 110 R	1970/1980	1 107	46 b. 5 500	140	4 455 × 1 620 × 1 340	2 400	980	
S 105	1976	1 046	34 b. 4 800	130			955–975	S, L
S 120	1976	1 174	38 b. 5 000	140			975	GL ab 1980
S 120 L/GL	1976	1 174	43 b. 5 200	150	4 200 × 1 610 × 1 400 (S 105 bis S 120 GLS)	2 400 (S 105 bis S 120 GLS)	990	
S 120 LS								
S 120 GLS								
S 130/136		1 289	46 b. 5 000	150			985	136 ab 1987
S 135	ab 1987	1 289	43 b. 5 000	145			985	
Garde/Rapid	ab 1981	1 174	43 b. 5 200	153	4 200 × 1 610 × 1 300 (Garde/Rapid, Rapid 130)	2 400 (Garde/Rapid, Rapid 130)	000 (Garde/Rapid, Rapid 130)	
Rapid 130	ab 1984	1 289	46 b. 5 000	158				
Favorit 136	ab 1988	1 289	46 b. 5 000	150	3 815 × 1 620 × 1 415	2 450	940	

120 L, GL, GLS wahlweise Vier- oder Fünfgang, 120 LX, 130 L, Rapid 130 serienmäßig Fünfgang

CS

CS

Typ	Einheiten
Popular 995	250
Superb	131
Rapid	21
1101, 1102	67 024
1200	33 599
1201	33 472
1202	60 141
440	85 792
445	9 375
450	1 000
Octavia/TS u. Super	298 480
Octavia Kombi	54 086
Felicia/Super	14 863[1])
1000 MB	419 540
1100 MB	23 601
S 100	819 787
S 110	259 921
S 110R	53 992[2])
S 105/120	1 265 707[3])
Garde (Rapid)	10 771[1]) [3])

Škoda-Gesamtproduktion nach 1945

Angaben nach: Drobný/Minářik: Československé automobily 1945–1985. Kuba: Automobil v srdci Evropy.
[1]) Kvasiny [2]) Vrchlabi [3]) Stand 1985

34

einem fast identischen Fahrgestell (vorn Schraubenfedern, hinten Querblattfeder) der größere 1202 Kombi, der bis 1973 und damit länger als der Octavia Kombi gebaut wurde. Dieser wurde 1969 mit Elementen des Typs S 100 modernisiert und bis 1971 gefertigt. Kombiversionen des späteren 1000 MB und des S 120 LS blieben Versuchsmuster.

Anfang der 60er Jahre sind die Werksanlagen in Mladá Boleslav gründlich rekonstruiert worden. Eine 10 000 m^2 große Gesenkschmiede mit weitgehend automatisierten Wärmebehandlungs- und Schmiedemaschinen, eine Leichtmetallgießerei für den Aluminium-Druckguß, die ebenfalls zum Großteil automatisierte Grau- und Tempergießerei, eine Karosseriepresserei (20 000 m^2 Grundfläche) und eine moderne Lackiererei waren Grundlage für die Einführung eines neuen Škoda-Modells. Vor allem den 18 automatischen Fließstraßen mit dem 24 km langen System von Hängeförderern war eine erhebliche Anhebung der projektierten Jahreskapazitäten zu danken. Als neues Modell erschien schließlich 1964 auf der Internationalen Messe in Brno der Škoda 1000 MB mit selbsttragender Karosserie und Heckmotor hinter der Hinterachse – einem nur noch von wenigen Herstellern vertretenen Prinzip, dem Škoda künftig über 20 Jahre lang treu bleiben sollte. Gestalterisch entsprach dieses Auto dem Geschmack seiner Zeit, während seine Technik auch herbe Kritik erfuhr. Vor allem die Kombination Heckmotor – hin-

34 Blick in die Werkhallen von Mladá Boleslav. Foto: Werkbild
35 Škoda 1000 MB. Foto: Werkbild
36 Škoda 1000 MBX. Foto: Riedel
37 Škoda S 100 L. Foto: Riedel

35

36

37

tere Pendelachse wies deutliche Nachteile auf. Neben der viertürigen Basisausführung mit 1,0- und 1,1-l-Motor gab es übrigens auch die zweitürige Version 1000 MBX/1100 MBX, die allerdings nur in sehr geringer Stückzahl gefertigt wurde.

1969 wurde das Nachfolgemodell S 100 herausgebracht, im Prinzip eine wenig veränderte Ausführung des Vorgängers. Erstmals kamen hier vordere Scheibenbremsen zum Einsatz (Girling-Lizenz). Gegenüber dem 1000 MB wurde der vordere Kofferraum vergrößert. Geblieben war die problematische Seitenwindempfindlichkeit des Heckmotorwagens. Die Motorleistung blieb gleich bzw. wurde für einige Exportversionen sogar verringert. Neben der wenig gelungenen Gestaltung des Autos mit seinem unharmonisch gestylten Mittelteil brachte der extreme Leichtbau in Zusammenwirken mit Verarbeitungsmängeln ernste Korrosionsprobleme mit sich. Auch der S 100 wurde wahlweise mit dem 1100er Motor ausgerüstet. Und in kleiner Stückzahl lief das zweitürige Coupe S 110 R in Vrchlabi vom Band, vorgestellt in Brno im Jahre 1970. Abgeleitet davon wurden die Sportausführungen RS 180 und RS 200. Im August 1973 konnte dann die Fertigstellung des einmillionsten Škodas vermeldet werden. Bereits mit Produktionsbeginn des S 100 war ein moderner konzipiertes Nachfolgemodell im Gespräch. Proto-

CS

38

39

38 Škoda S 110 R mit hinteren Ausstellfenstern.
Foto: Mihatsch jun.
39 Škoda S 105/120 – Modell 1976.
Foto: Riedel
40 Škoda S 105/120 – Modell 1982.
Foto: Kittler
41 Škoda S 105 – Modell 1984.
Foto: Werkbild
42 Škoda Experimentalcoupé von 1972.
Foto: Werkbild
43 Škoda Rapid/ Garde.
Foto: Werkbild

typen und ausweichende Statements des Škoda-Werks ließen ein Frontantriebsmodell, eventuell sogar mit OHC-Motor, erwarten. Beispielsweise war 1973 auf der Messe in Brno eine von Giorgio Giugaro entworfene frontgetriebene Kombilimousine zu sehen. Doch die mehr auf Fertigungsrentabilität denn auf technisches Wunschdenken ausgelegte Wirklichkeit enttäuschte alle Erwartungen, als 1976 die Produktion der neuen Baureihe S 105/120 (werksintern Typ 742 genannt) begann. Letztendlich handelte es sich wiederum um eine aufgefrischte Version des einstigen 1000 MB. Entsprechend der sogenannten Paneel-Bauweise hatte man lediglich das Karosseriegerippe des Vorgängers neu beplankt. Mit fast identischem Fahrgestell – nur die Vorderachse wurde verstärkt – und geringfügig aufgebohrtem Motor blieb man bei der bisherigen Konzeption. Durch die Verlegung des Kraftstofftanks von vorn unter die Fondsitze konnte mehr Fondkofferraum gewonnen werden. Allerdings kam dafür der Wasserkühler nach vorn. Zwar den ECE-Empfehlungen entsprechend, aber ungewöhnlich, war die seitlich angeschlagene Kofferraumhaube.

Škoda, mit einer Jahresproduktion von inzwischen 180 000 Einheiten, vergrößerte die Modellpalette um zahlreiche Sonderausführungen. Gleichzeitig erfuhr der Typ 742 eine intensive Modellpflege, die optisch vor allem die Front- und Heckpartie betraf. So wichen die vorderen Rundscheinwerfer bei den L-Ausführungen ab 1982 Breitscheinwerfern, denen ab 1984 Blockscheinwerfer mit bündigen Streu-

CS

40

41

42

43

scheiben (außer S-Modell) mit integrierten Blinkleuchten folgten. Ab 1980 wurde ein modischer Heckspoiler auf die zu Kühlungszwecken durchbrochene Motorhaube montiert. Damit sollte auch der Verschmutzung des Motorraums entgegengewirkt werden. Ab 1982 wurde bei den Modellen 105 G und 120 GLS eine neue Heckblende mit breiten Gruppenleuchten montiert, ab 1984 dann auch bei allen anderen Ausführungen.

Die Vorreiter für alle technischen Neuerungen waren immer die hubraumgrößten und am luxuriösesten ausgestatteten Modelle. Beispielsweise erhielten zuerst die Modelle 120 LS/GLS, dann die Version 120 L und schließlich alle anderen Škoda-Modelle Unterdruck-Bremskraftverstärker.

Das seit 1981 im Werkteil Kvasiny gefertigte Coupé Garde/Rapid, anfangs angetrieben vom Motor des 120 LS, später mit dem 130er Motor ausgerüstet, verfügte übrigens erstmals über ein Fünfganggetriebe, das später auch der Spitzentyp Škoda 130 erhielt. Zur Verbesserung der Fahrstabilität kamen beim Coupé eine Zahnstangenlenkung sowie Längs- und Schräglenker zum Einsatz, wodurch eine spürbare Verbesserung des Kurvenverhaltens erreicht wurde.

1984/85 war eine erhebliche Überarbeitung aller Modelle vonstatten

CS

44

45

44 S 130 Rapid Cabriolet, umgebaut von einem westeuropäischen Importeur. Foto: Archiv Kittler

45 Škoda S 136. Foto: Werkbild

gegangen, die u.a. eine breitere Spur (vorn + 70 mm, hinten + 60 mm), eine weichere Federungsabstimmung, Zahnstangenlenkung und umfangreiche optische Retuschen (Front-, Heck- und Kotflügelgestaltung) umfaßte.
Zahlreiche Veränderungen betrafen die Anpassung an geltende ECE-Empfehlungen. Erheblich größer geworden ist der Kunststoffanteil, z.B. bei den Stoßstangen und im Innenraum. Seit 1987 kommen neuentwickelte Zylinderköpfe für bleifreies Benzin zum Einsatz.
Das mehrfach rekonstruierte Werk geht inzwischen mehr und mehr zur automatisierten Fertigung über, die problemlos auch die Montage der verschiedensten Versionen ermöglicht. Bei der vorerst letzten Reihe S 105/120 verließ alle 89 Sekunden ein neuer Pkw die Werkhallen mit ihren mittlerweile 20 km langen Montagebändern. Kontrolliert und gesteuert wird der Ablauf durch moderne Prozeßrechner.

Bei der Vorbereitung des neuen, mit dem Werkscode 781 B/782 bezeichneten Frontantriebmodells stand Škoda insbesondere das Forschungsinstitut für Kraftfahrzeuge (ÚVMV) in Prag zur Seite. Dort sind 1968 bzw. 1970 auch die Experimentalcoupés GT 1100 und 1100 Supersport gebaut worden. Beide Autos gingen nie in Serie, dienten aber als Technologieträger für die Zukunft. Für die Karosseriegestaltung des neuen, dem internationalen Trend in dieser Klasse folgenden Fronttrieblers zeichnete Nuccio Bertone verantwortlich. Bei der Fertigung des Neulings,

46 Škoda S 130 L.
Foto: Werkbild

Typ: Škoda S 130 L

Karosserie	
Form/Aufbau:	Limousine/selbsttragend
Türen/Sitzplätze:	4/5
Motor	
Typ:	4-Zylinder-Reihen-Vergasermotor
Lage/Kühlung:	Heckmotor längs/flüssigkeitsgekühlt
Nockenwelle und Ventile:	OHV
Bohrung/Hub (mm):	75,5/72,0
Hubraum (cm³):	1 289
Verdichtung:	9,7 : 1
Leistung (kW):	43 bei 5 000 U/min
Max. Drehmoment (Nm):	97 bei 2 850 U/min
Kraftstoffaufbereitung:	Fallstromvergaser Jikov 32 SEDR
Kraftübertragung	
Antriebsart:	Heckantrieb
Kupplung:	Einscheiben Trocken (Tellerfeder)
Getriebe:	5-Gang (Vollsynchron), Knüppelschalt.
Fahrwerk	
Vorderradführung:	Einzelradaufh. an Trapez-Dreieckl., Teleskopstoßd., Kurvenstab.
Hinterradführung:	Einzelradaufh. mit Pendelachse, Längsschubstreben, Schräglenker, Schraubenfed.
Bremse:	Scheibenbremse v, Trommelbremse h mit Servo (Zweikreis)
Lenkung:	Zahnstange
Reifen/Felgen:	165 SR 13/4½ J × 13
Elektrik	
Batterie:	12 V 35 Ah
Drehstromlichtmaschine:	55 A

Massen, Maße, Fahrleistungen	
Leermasse (kg):	885
Gesamtmasse (kg):	1 275
Länge × Breite × Höhe (mm):	4 200 × 1 610 × 1 400
Radstand (mm):	2 400
Spurweite v/h (mm):	1 390/1 350
Bodenfreiheit (mm):	120
Wendekreisdurchmesser (m):	11,0
Kofferraumvolumen (dm³):	280 + 120
Tankinhalt (l):	37
Höchstgeschwindigkeit (km/h):	150
Beschleunigung 0–100 km/h (s):	15
Kraftstoffverbrauch (l/100 km):	5,7/8,1/8,1 (90 – 120 km/h – Stadt [ECE])

Der Škoda 130 L war das Spitzenmodell der im Jahre 1984 überarbeiteten Baureihe 742. Markante optische Äußerungen betrafen das Styling am Bug und Heck sowie die durch die größere Spurweite verbreiterten Kotflügel. Zum Gewinn gereichten die vom Škoda Rapid übernommene Zahnstangenlenkung und die Schräglenker-Hinterachse, die der bisherigen Pendelachse weit überlegen war.

Ende 1986 erschien der großzügiger ausgestattete S 130 GL, der u. a. über eine verbesserte Kraftstofförderpumpe und ein weicher gelagertes Getriebe (Lärmdämmung!) verfügte. In gleichem äußeren Gewande, aber mit kleinerem Motor, gab es nun auch den S 105 GL.

Die Škoda-Typenpalette umfaßte damit 1987 die Modelle 105 L (de Luxe), SP (Special), GL (Grand de Luxe) sowie 120 L, LS (de Luxe Super), GLS (Grand de Luxe Super), GL und 130 L und GL. Dazu kam das Rapid-Coupé mit dem Motor des S 130.

CS

47

Technische Daten Škoda	135	136
Hubraum (cm^3)	1 289	1 289
Bohrung/Hub (mm)	75,5/72,0	17,5/72,0
Verdichtung	8,8 : 1	9,7 : 1
Leistung (kW) bei U/min	43/5 000	46/5 000
Max. Drehmoment (Nm) bei U/min	94/3 000	100/3 000
Beschleunigung 0–100 km/h (s)	15	14
Höchstgeschwindigkeit (km/h)	145	150
Leermasse (kg)	885	885
Gesamtmasse (kg)	1 285	1 285
Kraftstoffverbrauch 90-120 km/h-Stadt (l/100 km)	6,0/8,2/8,9	5,7/7,9/8,7

Angaben nach: Svet motoru 37/87

48

47 Experimentalcoupé S 1100 Supersport mit 1107-cm^3-Motor (54 kW bei 5250 U/min) und vom S 110 L abgeleiteten Fahrwerk. Foto: Werkbild

48 Škoda Favorit 136 L. Foto: Huhle

der 1987 zur Messer in Brno erstmals der Öffentlichkeit präsentiert wurde, kommen verstärkt Industrieroboter zum Einsatz. Versuchsweise hatte man bereits zuvor moderne Schweißroboter aus der BRD eingesetzt. Im Laufe des Jahres 1988 sollten 40 000 Einheiten des neuen PKW-Typs fertiggestellt werden, was jedoch aufgrund von Problemen in der Zulieferindustrie nicht erreicht wurde.

Der gegenüber dem Vorgängermodell mit Heckmotor um fast 40 cm kürzere Fronttriebler Favorit 136 wird vom bewährten, modifizierten OHV-Motor des Škoda 130 angetrieben. Mit dem neuen Kompaktwagen folgt Škoda einem internationalen Trend, der auch für die anderen sozialistischen Länder entwicklungsbestimmend ist bzw. sein wird.

Bis zur endgültigen Ablösung durch den Favorit nach 1988 werden eine Reihe konstruktiver Änderungen für die bisherigen heckgetriebenen Modelle der Reihe S 105/120/130 wirksam. Den Antrieb der 1988er Modelle S 135 und 136 (Werkscode 742.135 und 742.136), jeweils einschließlich des Rapid-Coupés, besorgen die 1289-cm^3-Motoren, leistungsmäßig abgestuft mit 43 bzw. 46 kW. Verringert wurde der Kraftstoffverbrauch. Für diese Modelle grundsätzlich zum Einsatz kommen vollsynchronisierte Fünfganggetriebe. Weiterhin im Programm blieben die bisherigen Typen S 105, 120 und 130.

CS

49 Škoda Favorit 136.
Foto: Böttcher

Typ: Škoda Favorit 136 L

Karosserie

Form/Aufbau:	Limousine/selbsttragend
Türen/Sitzplätze:	5/5

Motor

Typ:	4-Zylinder-Reihen-Vergasermotor
Lage/Kühlung:	Frontmotor quer/flüssigkeitsgekühlt
Nockenwelle und Ventile:	OHV
Bohrung/Hub (mm):	75,5/72,0
Hubraum (cm^3):	1 289
Verdichtung:	9,7 : 1
Leistung (kW):	46 bei 5 000 U/min
Max. Drehmoment (Nm):	100 bei 3 000 U/min
Kraftstoffaufbereitung:	Fallstromvergaser Pierburg 2 E3

Kraftübertragung

Antriebsart:	Frontantrieb
Kupplung:	Einscheiben Trocken
Getriebe:	5-Ganggetriebe (Vollsynchron), Knüppelschalt.

Fahrwerk

Vorderradführung:	Einzelradaufh. an McPherson-Federb. m. untenl. Querl.
Hinterradführung:	Torsionskurbelachse an Längsl., Teleskopstoßd., Schraubenfed., Stab.
Bremse:	Scheibenbremse v, Trommelbremse h (Zweikreis)
Lenkung:	Zahnstange
Reifen/Felgen:	165/70 R 13/4½ J × 13

Elektrik

Batterie:	12 V 37 Ah

Massen, Maße, Fahrleistungen

Leermasse (kg):	840
Gesamtmasse (kg):	1 290
Länge × Breite × Höhe (mm):	3 815 × 1 620 × 1 415
Radstand (mm):	2 450
Spurweite v/h (mm):	1 400/1 365
Bodenfreiheit (mm):	125
Wendekreisdurchmesser (m):	10,5 (l), 11,3 (r)
Kofferraumvolumen (dm^3):	251 (1 038)
Tankinhalt (l):	47
Höchstgeschwindigkeit (km/h):	150
Beschleunigung 0–100 km/h (s):	14
Kraftstoffverbrauch (l/100 km):	5,2/7,2/7,4 (90-120 km/h-Stadt [ECE])

Dieser modern konzipierte Frontantriebswagen steht am Beginn der dritten Škoda-Modellreihe nach dem zweiten Weltkrieg – nach den Reihen 440/445/Octavia/Spartak und MB 1000/1100/S 100/110/S 105/120/130. Bei der Entwicklung der Schräghecklimousine, der eine Kombiversionen folgen wird, kam es zu zahlreichen Kooperationsbeziehungen mit Herstellern des Auslands. Dies betraf insbesondere Bertone (Design), Porsche (Fahrwerk), Pierburg (Vergaser), Boge (Stoßdämpfer) usw. Verwendung findet vorerst der bisherige Vierzylindermotor des Škoda 130, der allerdings erheblich überarbeitet wurde. Noch nicht endgültig entschieden war die Frage, ob danach ein eigenentwickeltes Antriebsaggregat oder ein Lizenzmotor zum Einsatz kommen soll.

Der Favorit 136 entspricht in jeder Hinsicht dem Niveau seiner Klasse. Für die uniform gestaltete viertürige Karosserie wurde ein c_w-Wert von 0,36 gemessen. Ein neugestaltetes Armaturenbrett, die zur besseren Beladung asymmetrisch geteilte Hecksitzbank, ein gutdurchdachtes Heizungs- und Lüftungssystem, Maßnahmen zur Geräuschdämmung und zur Erhöhung der Korrosionsbeständigkeit der Karosserie – dies sind nur einige der Neuerungen. Hervorzuheben ist wiederum der geringe Kraftstoffverbrauch des Favorit.

1

2

3

1 Wanderer von 1904.
Foto: Verkehrsmuseum Dresden
2 NAG B 2 45 PS von 1906.
Foto: Archiv Kittler
3 Brennabor Typ R.
Foto: Archiv Kittler

DDR

Deutschland gilt als Mutterland des Automobilbaus. Hier befanden sich eine Reihe traditionsreicher Hersteller, die einen wesentlichen Beitrag zur Kraftfahrzeuggeschichte leisteten. Auf dem späteren DDR-Territorium war allerdings nur knapp ein Drittel der deutschen Kfz-Produktionsstätten angesiedelt. Die bekanntesten waren Horch, Audi, DKW (alle Zwickau) und Wanderer (Chemnitz), die sich 1931 zur Auto Union zusammenschlossen, sowie BMW (Eisenach). Kleinere Firmen waren u. a. Brennabor (Brandenburg) und NAG (Berlin). Sie fielen jedoch dem Prozeß der Konzentration auf dem Sektor der Automobilherstellung zum Opfer.

Der zweite Weltkrieg vernichtete einen Großteil der Betriebe oder beschädigte sie schwer. Ein Teil der Produktionsanlagen, die meist der Rüstungproduktion gedient hatten, gingen als Reparationsleistungen in die Sowjetunion (z. B. Anlagen der Auto Union). Wichtige Konstruktionsunterlagen und Patente verschwanden zusammen mit federführenden Technikern und Ingenieuren für immer in die Westzonen Deutschlands. Die traditionellen Bindungen an die bis-

4 *Melkus RS 1000.*
Foto: Frank

Typ: Melkus RS 1000

Karosserie	
Form/Aufbau:	Coupé/Kastenrahmenchassis
Türen/Sitzplätze:	2/2
Motor	
Typ:	4-Zylinder-Reihen-Vergaser-motor 353/1 (Zweitakt)
Lage/Kühlung:	Mittelmotor quer/flüssigkeitsgekühlt
Bohrung/Hub (mm):	73,5/78,0
Hubraum (cm^3):	992
Leistung (kW):	52 bei 4500 U/min
Max. Drehmoment (Nm):	115 bei 3600 U/min
Kraftstoffaufbereitung:	Dreifachvergaser
Kraftübertragung	
Antriebsart:	Heckantrieb
Kupplung:	Einscheiben Trocken
Getriebe:	5-Gang (Vollsynchron), Knüppelschalt.
Fahrwerk	
Vorderradführung:	Einzelradaufh. an Doppelquerl., Schraubenfed., Teleskopstoßd.,
Hinterradführung:	Einzelradaufh. an Schrägl., Schraubenfed., Teleskopstoßd., Kurvenstab.
Bremse:	Scheibenbremse v/ Trommelbremse h (Zweikreis)
Lenkung:	Zahnstange
Reifen/Felgen:	175 SR 13
Elektrik	
Batterie:	12 V 42 Ah
Drehstromlichtmaschine:	42 A
Massen, Maße, Fahrleistungen	
Leermasse (kg):	690
Gesamtmasse (kg):	950
Länge × Breite × Höhe (mm):	4000 × 1700 × 1070
Radstand (mm):	2450
Spurweite v/h (mm):	1340/1380
Wendekreisdurchmesser (m):	10,1
Kofferraumvolumen (dm^3):	50
Tankinhalt (l):	2 × 30
Höchstgeschwindigkeit (km/h):	165
Beschleunigung 0–100 km/h (s):	12
Kraftstoffverbrauch (l/100 km):	10 bis 13 (Werk)

Heinz Melkus, Inhaber der gleichnamigen Dresdner Privatfahrschule, war einer der erfolgreichsten Rennfahrer der DDR. Er entwickelte und fuhr zahlreiche Sportfahrzeuge, deren Antrieb hochgezüchtete Wartburg-Motoren besorgten. Seine Eigenbauten begannen auf Basis der Formel Junior. 1968 angeregt durch den Allgemeinen Deutschen Motorsportverband (ADMV), formte er das Gipsmodell eines zweisitzigen Rennsportwagens, das – nachdem Mitarbeiter der Kraftfahrzeugtechnischen Anstalt der Technischen Universität und der Verkehrshochschule Dresden, Techniker des Automobilwerks Eisenach und Gestalter der Kunsthochschule Berlin-Weißensee (vor allem der Designer Stefan Scheitler) Grünes Licht gegeben hatten – in einer neugegründeten „Arbeitsgemeinschaft Sportwagen" vervollkommnet wurde. Heraus kam 1969 ein Sportcoupé, das speziell für Renneinsätze der damaligen Gruppe 4 nach FIA-Reglement (später Gruppe B 5) präpariert werden konnte.
Wesentliche Baugruppen wie Rahmen, Fahrwerk, Motor und Armaturen stammten vom Wartburg 353. Die Leistungssteigerung wurde durch Teilefeinstbearbeitung, Veränderungen am Ansaugtrakt, geändertes Auspuffsystem (Doppelauspuff) und Dreifachvergaser erreicht. Die Rennversion mit Sportvergaser erreichte 66 kW und maximal 200 km/h. Vorder- und Heckteil des RS 1000 bestanden aus glasfaserverstärktem Polyester, hergestellt im VEB Robur-Werke Zittau. Flügeltüren und Dach waren aus Leichtmetall gefertigt, für die Bodenteile wurde Stahlblech verwendet. Die Hinterachse erhielt einen zusätzlichen Querstabilisator, die Federwege wurden gekürzt. Der vor der Hinterachse angeordnete Motor war mit einem Fünfganggetriebe verbunden. Schalensitze, Rennlenkrad und spezielle Rennreifen wiesen deutlich auf den Zweck des Fahrzeugs hin. Der RS 1000 war kein Auto für den Alltagsbetrieb. Wenig komfortabel, mit einem winzigen Kofferraum, seitenwindempfindlich und nur wenig geräuschgedämpft, wurde er bis 1973 in nur 50 Einheiten gefertigt.

DDR

5

herigen Zulieferer bestanden nicht mehr.
Übriggeblieben waren die Fertigungsstätten in Zwickau, Eisenach und Zittau, wo – in sehr bescheidenem Rahmen – bereits kurz nach Kriegsende die Kraftfahrzeugmontage aus Restbeständen begann. 1947 wurde der Industrieverband Fahrzeugbau (IFA) gegründet und Mitte 1948 der Vereinigung Volkseigener Betriebe des Automobilbaus (VVB) in Chemnitz übergeordnet. Künftig unterstanden rund 50 Betriebe unterschiedlicher Größe und ganz verschiedenen Profils der Zentralen Leitung der VVB Automobilbau. Wesentlich für die weitere Entwicklung waren Entscheidungen im RGW-Rahmen, die 1956 getroffen wurden. Die Fahrzeugindustrie der DDR hatte sich künftig auf kleine und mittlere Personen- und Lastkraftwagen zu konzentrieren.
Die folgenden Jahre waren geprägt von Experimenten mit neuen Baumustern und -konzepten (z.B. der hinsichtlich Kraftstoffverbrauch und Standfestigkeit glücklose Versuch, den Kreiskolbenmotor serienwirksam zu machen), von einer Vielzahl von Modellen und von Kooperationsabsichten innerhalb des RGW. Wegen der Priorität anderer Industriezweige ging diese fruchtbare Etappe in den 70er Jahren zu Ende. In jener Zeit entstand in der DDR sogar ein eigenentwickelter, straßentauglicher Rennsportwagen – der RS 1000 aus Dresden.
Wesentlich war das Komplexprogramm des RGW vom August 1971, daß u.a. Vorstellungen zur Zusammenarbeit auf dem Pkw-Sektor enthielt. Damals erklärte die VVB Automobilbau in Karl-Marx-Stadt: „... unter Beachtung der zur Zeit gegebenen technischen Erkenntnisse wird für die zukünftigen

6

5 Dixi DA 1.
Foto: Roediger
6 BMW 321.
Foto: Kittler

Bilder S. 50
7 BMW 328.
Foto: Kittler
8 BMW 327 Cabrio – im Gegensatz zum einstigen 327er BMW mit vorn angeschlagenen Türen. Aufgebaut wurde dieses Fahrzeug im Karosseriewerk Dresden.
Foto: Kittler

Die wichtigsten Dixi- und BMW-Modelle aus Eisenach

Typ	Produktionszeit	Zylinderzahl	Hubraum (cm³)	Höchstleitung (kW) bei Drehzahl (U/min)	Gesamtproduktion (Einh.)
S 16	1911/1925	4	3378	24–29	710
R 8	1908/1916	4	1558	10–12	650
R 10	1914/1923	4	2078	16–18	500
R 12	1910/1921	4	2598	16–22	553
R 5 (D 1)	1915/1923	4	1292	10	400
G1–G7	1922/1927	4	1559	13–22	2300
3/15 PS (DA 1)	1927/1928	4	749	11 b. 3000	9407
DA 2	1929/1931			11 b. 3000	12318
DA 3	1931/1932	4	749	13 b. 3500	150
DA 4	1931/1932	4	749	11 b. 3000	3480
3/20 PS (AM 1–4)	1932/1934	4	782	15 b. 3500	7215
303	1933/1934	6	1173	22 b. 4000	2300
309	1934/1936	4	845	16 b. 4000	6000
315/315-1	1934/1937	6	1490	25 b. 4000/29 b. 4300	9765
319/319-1	1934/1937	6	1911	33 b. 3750/40 b. 4000	6646
329	1936/1937	6	1911	33 b. 3750	1179
320/321	1937/1941	6	1971	33 b. 3750	8000
326	1936/1941	6	1971	37 b. 3750	16000
327	1937/1941	6	1971	40 b. 4500	
327/28	1938/1940	6	1971	59 b. 5000	2100
335	1939/1941	6	3485	66 b. 3500	400

Angaben nach: Oswald: Alle BMW-Automobile 1928–1978.
Jirasek: Wartburg.

Pkw der DDR die Verwendung eines Viertakt-Ottomotors mit berücksichtigt." Allerdings vergingen dann fast 20 Jahre, ehe dieser Gedanke serienwirksam wurde.
1978 war es – anstelle der VVB Automobilbau – zur Etablierung eigenständiger IFA-Kombinate gekommen. Zum Stammbetrieb des IFA-Kombinates Personenkraftwagen wurde Barkas in Karl-Marx-Stadt. Künftig galt es, besonders nach der Reduzierung von Pkw-Importen in die DDR, die vorhandenen Zweitakt-Typen aus Zwickau und Eisenach weiter zu kultivieren und ihren Produktionsausstoß zu steigern. Seinen Niederschlag fand diese Forderung im Beschluß des Politbüros des ZK der SED vom 14. Juli 1983, der eine kurzfristige und spürbare Steigerung der Pkw-Produktion initiierte. Nächster und vorerst wichtigster Entwicklungsschritt war die Entscheidung, Ende der 80er Jahre Fahrzeuge mit modernen Viertaktmotoren herauszubringen. Die Fertigung dieser von Volkswagen entwickelten Motoren obliegt dem Eisenacher Automobilwerk und dem IFA-Stammbetrieb Barkas.

VEB Automobilwerk Eisenach

Am 3. Dezember 1896 ließ ein Bankenkonsortium unter Leitung des vielseitigen Unternehmers Heinrich Ehrhardt die Fahrzeugfabrik Eisenach AG entstehen, die sich zunächst der Fahrradproduktion widmete. Begonnen hat die Geschichte der Autos aus Eisenach im Jahre 1898. Nach Daimler, Benz, Dürkopp und Opel war das Thüringer Fahrzeugwerk die fünfte deutsche Firma, die Automobile mit Verbrennungsmotoren herstellte. Nach anfänglichem Mißerfolg mit einer Eigenkonstruktion

7

8

übernahm man die Lizenz der französischen Firma Decauville und baute deren Erfolgsmodell Voiturette als Wartburg-Motorwagen. Das kutschenähnliche Fahrzeug wurde von einem luftgekühlten 479-cm^3-Zweizylindermotor angetrieben, der später von einem wassergekühlten 764-cm^3-Zweizylindermotor abgelöst wurde.
Erst ab 1904 verließen unter dem fast 25 Jahre lang beibehaltenen Markennamen Dixi die ersten eigenentwikkelten Personen- und Lastkraftwagen das Werk. Allein zwischen 1912 und 1918 waren sieben Pkw- und Lkw-Typen im Angebot. 1921 übernahm die Gothaer Waggonfabrik die Eisenacher Fertigungsstätten und sorgte für eine Wiederaufnahme der Lkw-Produktion neben den weiterhin hergestellten Personenwagen und Fahrrädern.
Den entscheidenden Durchbruch markierte wiederum eine Lizenznahme – die Übernahme des englischen Austin Seven im Jahre 1928. Der solcherart entstandene Dixi 3/15 PS bzw. Dixi DA 1 mit 743-cm^3-Vierzylindermotor wurde zu einem der bekanntesten Kleinwagen seiner Zeit. 1928/1929 entstanden über 9400 Einheiten dieses Typs. Dennoch war die finanzielle Lage des Eisenacher Werks so prekär, daß der Zusammenbruch unmittelbar bevorstand. In dieser Situation übernahmen 1929 die Bayrischen Motorenwerke (BMW) die Firma. Anfangs fertigte man dort zwei verbesserte Dixi-Versionen. 1932 folgte dann der eigenentwickelte BMW AM 4 mit 15-kW-Motor bei 800 cm^3 Hubraum. Die Reihe epochemachender Sechszylindermodelle der Dreier-Typenreihe eröffnete der 1,2-l-Wagen BMW 303. In rascher Folge, gleichzeitig und nacheinander, liefen die verschiedensten Modelle

Typ: EMW 340

9 *EMW 340/2. Foto: Kittler*

Karosserie	
Form/Aufbau:	Limousine/ Kastenrahmenchassis
Türen/Sitzplätze:	4/5
Motor	
Typ:	6-Zylinder-Reihen-Vergasermotor
Lage/Kühlung:	Frontmotor längs/ flüssigkeitsgekühlt
Nockenwelle und Ventile:	OHV
Bohrung/Hub (mm):	66,0/36,0
Hubraum (cm^3)	1971
Verdichtung:	6,1 : 1
Leistung (kW):	40 bei 3750 U/min
Max. Drehmoment (Nm):	112 bei 2500 U/min
Kraftstoffaufbereitung:	Doppelfallstromvergaser
Kraftübertragung	
Antriebsart:	Heckantrieb
Kupplung:	Einscheiben Trocken
Getriebe:	4-Gang (Vollsynchron), Lenkradschalt.
Fahrwerk	
Vorderradführung:	Einzelradaufh. an ob. Querl. u. unt. Querblattfed.
Hinterradführung:	Starrachse an Dreieckschubl., Längsfederstäbe
Bremse:	Trommelbremse v, h (Einkreis)
Lenkung:	Zahnstange
Reifen:	5.50-16

Elektrik	
Batterie:	6 V 75 Ah
Gleichstromlichtmaschine:	130 W
Massen, Maße, Fahrleistungen	
Leermasse (kg):	1280
Gesamtmasse (kg):	1700
Länge × Breite × Höhe (mm):	4600 × 1765 × 1630
Radstand (mm):	2884
Wendekreisdurchmesser (m):	12,0
Tankinhalt (l):	65
Höchstgeschwindigkeit (km/h):	120
Kraftstoffverbrauch (l/100 km):	11,5 (Werk)

vom Band, meist mit 2-l-Motoren, die zwischen 33 und 60 kW leisteten. Der erfolgreichste Typ bis zur Produktionseinstellung im Jahre 1942 war der legendäre BMW 326, der wohl unbestritten schönste das klassische Sportcoupé BMW 327.

An der faschistischen Rüstungsproduktion beteiligte sich das Eisenacher Werk mit dem Bau von Flugzeugmotoren und Kriegsgeräten. Bombenangriffe der Alliierten zerstörten über die Hälfte der Werksanlagen. Nunmehr als Teilbetrieb der sowjetischen Aktiengesellschaft Avtovelo, begann unmittelbar nach Kriegsende die Produktion von Motorrädern des Typs BMW R 35. Und noch im Oktober 1945 lief die Fertigung von Autos wieder an, nachdem Karosseriewerkzeuge beschafft werden konnten. Bis zum ersten Quartal 1950 baute man rund 9000 Einheiten der zweitürigen Limousine Avtovelo-BMW 321. 1948 war der Typ 327 dazugekommen, der als Sportcoupé und Cabrio gefertigt wurde. Bis 1956 entstanden davon rund 500 Einheiten.

1952 ging das Avtovelo-Werk in Volkseigentum über und wurde als IFA Automobilwerk Eisenacher Motorenwerke (EMW) in die IFA-Vereinigung eingegliedert. Zu diesem Zeitpunkt lief bereits der vom Vorkriegsmodell 326 abgeleitete Typ 340 vom Band. Zwischen 1949 und 1955 wurden davon – in den Versionen Limousine (340 und 340-2), Kombi (340-2) und Sankra (340-4) – über 20000 Einheiten produziert. Nur Einzelstücke waren die 1949 und 1951 auf der Leipziger Frühjahrsmesse gezeigten Modelle 340 S (Sportcoupé), 342 (neue Karosserie und

DDR

10 BMW 340-4.
Foto: Werkbild
11 Prototyp BMW 340 S von 1951: ein Sportwagen mit dem Fahrwerk des 340er und dem Motor des BMW 328.
Foto: ADN-Zentralbild
12 Prototyp BMW 343 von 1951: Statt Federstäben kamen hinten Schraubenfedern zum Einsatz. Die Karosserie entsprach – bis auf das amerikanisierte Kühlergrill – der des Prototyps BMW 342.
Foto: ADN-Zentralbild
13 Limousine F 9.
Foto: Dünnebier
14 Prototyp F 9 Roadster von 1950.
Foto: ADN-Zentralbild
15 Wartburg 311 Limousine.
Foto: Archiv Dünnebier
16 Wartburg 311 Kombiwagen.
Foto: Archiv Dünnebier

10

11

12

Motor des 340) und 343 (amerikanisierte Karosserie und leistungsgesteigerter 48-kW-Motor).
Eingestellt wurde die Produktion der großen Sechszylinderwagen Mitte der 50er Jahre, um sich voll auf die seit 1953 nach Eisenach verlagerte Fertigung des frontgetriebenen IFA F 9 konzentrieren zu können. Dieses Auto besaß einen von DKW noch vor Beginn des zweiten Weltkriegs entwickelten Dreizylinder-Zweitaktmotor. Die Grundkonzeption dieses Motors wurde bis zum Produktionsbeginn des neuen Wartburg-Viertakters im Jahre 1988 beibehalten. Neben der Limousine waren auch ein Kombi, ein Cabrio und ein Polizeieinsatzwagen im Fertigungsprogramm. Nur als Prototyp existierte ein F 9 Roadster.
Im Oktober 1955 begann im inzwischen in VEB Automobilwerk Eisenach (AWE) umbenannten Betrieb die Nullserienfertigung eines anfangs EMW 311-0 genannten, auf dem F 9 basierenden Modells.
Auf der Leipziger Frühjahrsmesse 1956 wurde das Auto als „Wartburg" in den Versionen Limousine, Schiebedach-Limousine, viersitziges Cabrio und zweitüriger Kombi vorgestellt. Noch im Jahr 1956 kam die Pickup-Ausführung dazu.
Bis zur Auflösung des sogenannten AWE-Rennkollektivs im Jahre 1956 war Eisenach mit 1,5- und 2-l-Fahrzeugen intensiv am Automobilrennsport beteiligt. Furore machte der 1,5-l-Rennsportwagen mit 100 kW, zwischen 1953 und 1956 eines der schnellsten Autos seiner Klasse. Bereits im März 1954 wurde

13

14

15

16

zusätzlich zum AWE-Rennkollektiv eine kleine Rallye-Sporttruppe aufgebaut. Zum Einsatz kamen künftig seriennahe Rennausführungen der jeweils aktuellen Wartburg-Typen – dies sicherte die Übernahme konstruktiver Erkenntnisse aus dem harten Renneinsatz in die Serienproduktion.
Weitere Wartburg-Varianten stellte man dann im Jahre 1957 vor: die Limousine de Luxe, das Coupé, den Sportwagen (S), die kombiähnliche Campinglimousine und das nie in die Serienproduktion übernommene Landaulett „Bellevue". Die Wartburg-Wagen vom Typ 311 besaßen 900-cm^3-Motoren, die anfangs 27, später 28 kW bei rund 4000 U/min leisteten. In jener Zeit hatte der jährliche Produktionsausstoß 30 000 Einheiten erreicht. Eine damals, 1958, durch die Presse geisternde Meldung, wonach ein 33 kW starkes 1-l-Viertakttriebwerk in Vorbereitung sei, erwies sich als belanglos. Aber die Motorleistung wuchs weiter: 1961 erhielten alle 311er Serienfahrzeuge den leistungsgesteigerten 29-kW-Motor, dem ein Jahr später der hubraumgrößere 1-l-Motor mit 33 kW folgte. Die Skala der Verbesserungen reichte vom Viergang-Synchrongetriebe über neue Parallelscheibenwischer bis zur Duplexbremse.
Ein stark verbessertes Fahrwerk erhielt der nun Wartburg 312/1 genannte Wagen im Jahre 1965, ein Übergangstyp kurz vor Produktionsbeginn des neuen Modells 353. Mit Fertigungsbeginn des 312er Wartburgs im Jahre 1962 hatte übrigens auch die Serienproduktion des Kleintransporters Barkas B 1000 (mit leistungsreduziertem 33-kW-Wartburg-Motor) in Karl-Marx-Stadt begonnen. Ebenfalls 1965 entstand im Karosseriewerk Dresden das

DDR

17

18

19

20

21

22

17 Wartburg 311 Pickup von 1956.
Foto: ADN-Zentralbild
18 Wartburg 311 Cabrio.
Foto: Werkbild
19 Wartburg 311 Coupé.
Foto: Kittler
20 Wartburg 313 Sport – davon entstanden nur rund 500 Einheiten.
Foto: Kittler
21 Prototyp Wartburg Bellevue mit feststehender Vollsichtkabine und hinterem Cabrioverdeck, entwickelt vom Karosseriewerk Halle.
Foto: Archiv Dünnebier
22 Wartburg 311 Campinglimousine.
Foto: Kittler
23 Wartburg 312 Roadster (312/ 300 HT).
Foto: Kittler
24 Wartburg 353 Limousine.
Foto: Werkbild

23

24

25 *Wartburg 353 Tourist.*
Foto: Werkbild

26 *Wartburg 353 Trans.*
Foto: Kittler

2 + 2sitzige Hardtopcoupé 312/300 HT mit veränderter Kühlerpartie.
Der Wartburg 353 – wiederum auf konventionellem Fahrgestell, das bei den Vorgängern die verschiedensten Karosserieversionen ermöglicht hatte, in der Folgezeit aber nur als Chassis für zwei (später drei) Aufbauvarianten diente – hatte eine konsequente Pontonform erhalten. Maßgeblichen Anteil an dieser zeitlosen Form, die über 20 Jahre lang fast unverändert beibehalten wurde und auch den Nachfolger des 353 prägt, hatte der Eisenacher Formgestalter Fleischer. Anfangs trieb der bewährte 1-l-Motor mit 33 kW (ab 1969 37 kW) das neue Auto an. Parallel zur 353-Limousine wurde im Karosseriewerk Halle noch eine Zeitlang die 312er Kombiversion weitergebaut, dann folgte 1967 der Kombi 353 Tourist.
Verbunden mit dem Serienanlauf des 353 Mitte 1966 war die Rekonstruktion der Werkanlagen (ab 1. Juli 1966 neue Taktstraße) und der Einsatz moderner Technologien. Der einmillionste Wartburg wurde am 30. April 1981 fertiggestellt. Auch während der weiteren Produktionszeit erfolgten komplexe Rationalisierungsmaßnahmen, u.a. die Einrichtung von vier neuen Pressen-Linien sowie die Rekonstruktion von Schmiede und Härterei.
Von Anfang an galt das Bemühen der Techniker der Kultivierung des Fahrzeugs und seines ungewöhnlichen Dreizylinder-Zweitaktmotors, besonders hinsichtlich der Senkung des Kraftstoffverbrauchs und des Schadstoffausstoßes. Wichtige Etappen waren die Steigerung der Motorleistung durch verbesserte Ladungsverhältnisse, Änderungen an der Ansauganlage und im Kurbeltrieb sowie die Tellerfederkupplung statt der Rundfederkupplung

DDR

27 Wartburg 353 W.
Foto: Wonneberger

Typ: Wartburg 353 W (Wartburg 1.3)

Karosserie	
Form/Aufbau:	Limousine/ Kastenrahmenchassis
Türen/Sitzplätze:	4/5
Motor	
Typ:	4-Zylinder-Reihen-Vergasermotor 353/1-Zweitakt (BM 860-Viertakt)
Lage/Kühlung:	Frontmotor längs/(quer) flüssigkeitsgekühlt
Bohrung/Hub (mm):	73,5/78,0 (75,0/72,0)
Hubraum (cm^3):	992 (1272)
Verdichtung:	7,5 : 1 (9,5 : 1)
Leistung (kW):	37 bei 4250 U/min (43 bei 5400 U/min)
Max. Drehmoment (Nm):	98 bei 3000 U/min (96 bei 3300 U/min)
Kraftstoffaufbereitung:	Zweistufen-Fallstromvergaser Jikov (Fallstromvergaser Weber 34 TLA mit Startautomatik)
Kraftübertragung	
Antriebsart:	Frontantrieb
Kupplung:	Einscheiben Trocken, Tellerfeder
Getriebe:	4-Gang Vollsynchron, Lenkrad- od. Knüppelschalt. (Knüppelschaltung)
Fahrwerk	
Vorderradführung:	Einzelradaufh. an Doppelquerl., Schraubenfed., Teleskopstoßd.
Hinterradführung:	Einzelradaufh. an Schrägl., Schraubenfed., Teleskopstoßd., Querstab.
Bremse:	Scheibenbremse v/ Trommelbremse h, Zweikreis
Lenkung:	Zahnstange
Reifen/Felgen:	175/70 R 13/4½ J × 13
Elektrik	
Batterie:	12 V 38 Ah (44 Ah)
Drehstromlichtmaschine:	588 W
Massen, Maße, Fahrleistungen	
Leermasse (kg):	900
Gesamtmasse (kg):	1300 (1320)
Länge × Breite × Höhe (mm):	4220 × 1640 × 1495 (4216 × 1640 × 1495)
Radstand (mm):	2450
Spurweite v/h (mm):	1280/1300 (1382/1360)
Wendekreisdurchmesser (m):	10,2 (10,8)
Kofferraumvolumen (dm^3):	525
Tankinhalt (l):	45 (44)
Höchstgeschwindigkeit (km/h):	130 (135)
Beschleunigung 0–100 km/h (s):	23 (20)
Kraftstoffverbrauch (l/100 km):	7,4 (6,4) bei 90 km/h

Der Wartburg 353 erfuhr in den über 20 Jahren seiner Fertigungszeit zahlreiche konstruktive Verbesserungen, die aber am Grundprinzip nichts veränderten. Auch äußerlich fast unverändert, wurde der Innenraum mit verschiedenen Sitzkonstruktionen und Instrumentenkombinationen bedacht. Wahlweise Knüppelschaltung, serienmäßig vordere Scheibenbremsen und hinten Trommelbremsen mit lastabhängig gesteuerter Bremskraftverteilung, vollsynchronisiertes Vierganggetriebe mit sperrbarem Freilauf (schon seit 1966), die Verminderung des Geräuschpegels sowie die beheizte Heckscheibe und die breiten Stahlgürtelreifen der 70er Serie sind Kennzeichen der letzten Wartburg-Zweitaktgeneration. Hervorzuheben ist die Innen- und Außengeräuschdämpfung, die sich u. a. im Ersatz des ständig mitlaufenden Lüfterrades durch einen thermostatgesteuerten Elektrolüfter äußert.
Vom Wartburg, der in viele Länder Europas, und sogar nach Asien und Südamerika exportiert wurde, sind auch Sportversionen abgeleitet worden. Seit Oktober 1988 wird die Limousine Wartburg 1.3 gefertigt, seit März 1989 die Kombiausführung 1.3 Tourist.

28

29

28 Designstudie der Formgestalter Dietel und Rudolph von 1966/1967. Foto: Kittler

29 Wartburg-Plastcoupé. Foto: Archiv Reiche

30 Wartburg 1.3 Tourist. Foto: Werkbild

30

(1969), neues Getriebe und Humpfelgen (1971), neues Bremssystem (vorn Scheibenbremsen) und H-4-Licht, 500-W-Drehstromlichtmaschine und Sicherheitslenksäule (1974), Registervergaser (1982) und schließlich das neue Frontmittelteil mit bündig eingesetzten H-4-Scheinwerfern, das neue geschlossene Kühlsystem mit Leichtmetall-Querstromkühler und erstmals elektrischem Kühlluftgebläse (1986). 1985 war als nunmehr dritte Karosserievariante der Pickupwagen Wartburg Trans hinzugekommen.

Weitere Projektstudien wurden nie in die Serie übernommen. Dies betraf sowohl den viertürigen P 100 und dessen zweitürige Sportausführung in den 60er Jahren, als auch den Wartburg-Kübelwagen und das Plast-Coupé. Mitte der 70er Jahre gab es Versuchsmuster, die in Zusammenarbeit mit der ČSSR-Firma Škoda entstanden waren. Man blieb stattdessen beim bewährten Typ 353, bis Anfang der 80er Jahre die Vorbereitungen zur Produktion eines neuen Typs begannen und 1984 entsprechende Abkommen mit dem VW-Konzern über eine Motoren-Lizenzfertigung sowie die Lieferung von Anlagen und Einrichtungen abgeschlossen wurden. Im Rahmen eines DDR-Komplexprogramms übernahm Eisenach die Fertigung der neuen Zylinderköpfe. Zur Leipziger Herbstmesse 1988 wurde der Wartburg 1.3 mit quereingebautem 1,3-l-Vierzylindermotor vorgestellt. Es handelt sich um einen modifizierten Viertakt-Ottomotor, wie er in VW-Modellen Verwendung findet. Dazu kommt ein neues Vier- bzw. Fünfganggetriebe. Damit verbunden ist die Senkung des Kraftstoffverbrauchs um rund 2,4 l/100 km und die Einhaltung der

Die wichtigsten Eisenacher Modelle nach dem zweiten Weltkrieg

Typ	Produktionszeit	Hubraum (cm^3)	Höchstleistung (kW) bei Drehzahl (U/min)	Höchstgeschwindigkeit (km/h)	Länge × Breite × Höhe (mm)	Radstand (mm)	Leermasse (kg)	Gesamtproduktion (Einh.)
321	1945/1950	1971	33 b. 4000	115	4470 × 1600 × 1650	2750	1000	8996
327 327/2	1948/1951 1952/1956	1971	42 b. 3750	125	4500 × 1600 × 1420	2750	1100	505
340 340/2	1949/1951 1952/1955	1971	40 b. 3750	120	4600 × 1765 × 1630[1]	2884	1250	21249
F 9	1953/1955	900	32 b. 3800	110	4200 × 1600 × 1450	2350	890	38783
311	1955/1962	900	27 b. 4000	115				
312	1962/1965	991	33 b. 4200	125	4310 × 1570 × 1450[2]	2450	920	288535
312/1	1965/1966	991	33 b. 4200	125				
313	1957/1960	900	37 b. 4200	140	4300 × 1570 × 1350	2450	930	469
353 353 W	1966/1974 1975/1988	991	37 b. 4250	130	4220 × 1640 × 1495[3]	2450	900	1224662
1.3	ab 1988	1272	43 b. 5500	135	4216 × 1640 × 1495	2450	900	

1) Sonderausführungen 4630 × 1780 × 1700, 2) Kombi 4250 × 1570 × 1475 (Laderaum 1,7 m^3), Campinglimousine 4210 × 1570 × 1450, 312/300 HT 4300 × 1558 × 1390, 3) Tourist 4380 × 1640 × 1412 (Laderaum 1,8 m^3)

strengen Abgasgrenzwerte gemäß ECE-Empfehlung. Zur Vielzahl gebrauchswertsteigernder Details gehören die Plaststoßstangen und Kotflügelverbreiterungen, die verbreiterte Spurweite (vorn + 100 mm, hinten + 70 mm), die flachere Fahrzeugfront und das veränderte Heck, die integrierten Blinkleuchten vorn, das neue Armaturenbrett mit blendfreiem Instrumentensatz und ergonomisch günstigeren Bedienelementen.

VEB Sachsenring Automobilwerke Zwickau

Die Vorgeschichte dieses Automobilherstellers reicht zurück bis ins Jahr 1904, als in Zwickau die August Horch & Cie. Motorenwerke AG gegründet wurde. A. Horch, der sich wegen unternehmerischer Fehlleistungen 1909 mit seinen Teilhabern überwarf, rief daraufhin die Audi Automobilwerke GmbH, ansässig ebenfalls in Zwickau, ins Leben. Die Entwicklung im ursprünglichen Horch-Werk ging mit wachsendem Erfolg auch ohne dessen Gründer weiter, besonders nachdem 1923 Paul Daimler, ältester Sohn des Automobilpioniers Gottlieb Daimler, ins Werk gekommen war. Daimlers Ziel waren repräsentative Achtzylinderwagen. Es begann mit dem Horch 303 und ging über den 305 und 306 zur Luxusvariante 375. 1930 übernahm Fritz Fiedler, zuvor bei Stoewer, die Geschäfte des Chefkonstrukteurs und überarbeitete die gängigen Achtzylindertypen 350 und 375. Ab 1931 wurden seine einfacher konzipierten 4- und 4,5-l-Achtzylindermotoren in die Typen 410, 440, 420 und 450 eingebaut.

DDR

31

32

33

31 Horchs erste Zwickauer Konstruktion mit 14/ 17 PS Vierzylindermotor.
Foto: Archiv Kirchberg
32 Audi Front UW mit Cabrioaufbau von Gläser.
Foto: Archiv Kirchberg
33 Horch 780 mit Zwölfzylindermotor.
Foto: Archiv Kirchberg
34 Wanderer W 40 von 1936.
Foto: Archiv Kirchberg
35 DKW F 5 „Reichsklasse".
Foto: Kittler
36 DKW F 2 „Meisterklasse".
Foto: Archiv Kirchberg

Gipfelpunkt der neuen Modellpolitik waren die V-12-Modelle, die ebenfalls ab 1931 in kleiner Serie entstanden (Horch 600 und 670). Die Angebotspalette steigerte sich zu einer kaum zu durchschauenden Vielfalt aus der Kombination von zwei Fahrgestellen und vier Motoren. Doch die Spezialisierung auf teure Luxusmodelle hatte ihren Preis: 1932 mußte die Firma mit drei anderen Unternehmen fusionieren, da die Bankverbindlichkeiten zu hoch waren. Neben Horch gehörten zur nunmehrigen Auto Union die sächsischen Firmen Audi, DKW und Wanderer. Audi hatte sich mit dem Bau hausbackener, aber technisch ausgereifter Autos beschäftigt. Erst nach dem Typ K von 1921 wurde auch hier der Sprung in die Oberklasse angegangen: Das R-Modell von 1927 besaß bereits einen eigenentwickelten Reihenachtzylindermotor. Audi überstand derartige Höhenflüge nicht und ging 1929 an die DKW-Werke von Jörgen Rasmussen. Dort wurde ab 1930 auf den Kleinwagen orientiert. Dies war ohnehin die Domäne von DKW, wo bislang wenig erfolgreiche Konkurrenzmodelle zu Dixi und Hanomag gebaut wurden. Rasmussen favorisierte den Frontantrieb und den Zweitaktmotor, beides ungewöhnlich im damaligen Pkw-Bau. Die Automobilabteilung der Wanderer-Werke konnte trotz ihrer grundsoliden Modelle – mit den von F. Porsche konstruierten 1,7- und 2-l-OHC-Sechszylindermotoren – dem drohenden wirtschaftlichen Ruin allein kein Paroli mehr bieten.

34

35

36

Auch nach der Gründung der Auto Union als nunmehr stärkstem Konkurrenten von Opel und Daimler-Benz behielten die einzelnen Betriebe ihre Markenspezifik. Doch von nun an wurde vor allem auf Effektivität gesetzt. Horch deckte erfolgreich den Sektor der Luxusklasse ab. Dies galt in erster Linie für die mit neuen V-8-Motoren ausgerüsteten Autos. Audi baute seinen Typ „Front" – mit Horch-Karosserie, Wanderer-Motor und Frontantrieb. Den Schlußpunkt bildete hier der repräsentative Audi 920 mit 59-kW-Motor. Wanderer bedachte dagegen vorerst weiter die auf langlebige, konservativ gestaltete Autos orientierte Kundschaft, bis 1936 gerade diese Marke eine weitgehende Standardisierung einleitete.
Zu einer Art „Volkswagen" wurden die frontgetriebenen DKW-Typen mit Zweizylinder-Zweitaktmotoren. Immer weiter verbessert, war aus dem DKW Front eine ganze Modellfamilie geworden, die im 1939 fertiggestellten F 9 mit Dreizylinder-Zweitaktmotor gipfeln sollte. Zu einer Serienproduktion dieses Typs kam es jedoch erst nach dem zweiten Weltkrieg, zuerst in Zwickau, dann in Eisenach.

Ihre größten Triumphe konnte die Auto Union mit ihren Rennwagen erzielen. Zur technischen Meisterleistung geriet der Typ C mit 16-Zylindermotor. Der von F. Porsche entwickelte Rennwagen erreichte maximal 383 kW bei 5000 U/min. Dann folgte ein 12-Zylinderwagen mit 3 l Hubraum. Das damals schnellste Auto der Welt war der 16-Zylinder-Stromlinienwagen mit 6 l Hubraum, mit dem Bernd Rosemeyer als erster die 400 km/h-Grenze überschritt.

37

38

39

40

Mit der Vorbereitung des zweiten Weltkriegs schwenkte die Auto Union mehr und mehr auf die Rüstungsproduktion um. Folgerichtig begann noch 1945 die vollständige Demontage der Werkanlagen als Reparationsleistung. Horch und Audi wurden zu Betrieben, die für die Instandhaltung vor allem von Kraftfahrzeugen der Roten Armee dienten.

Doch bereits 1947 erteilten die zuständigen sowjetischen Behörden die Genehmigung zum Bau von 300 Lastkraftwagen des Ende der 30er Jahre konzipierten Typs H 3 sowie zur Montage von F-8-Pkw. Zur Leipziger Frühjahrmesse 1948 wurde der Dreizylinder-F-9 vorgestellt, wenngleich von einer funktionierenden Zulieferindustrie in der damaligen Sowjetischen Besatzungszone noch nicht gesprochen werden konnte. Zwischen 1949 und 1955 entstanden 26 267 F 8, und von 1949 bis 1953 wurden exakt 1880 F 9 montiert. In verschwindend geringer Stückzahl waren zuvor einige Luxuslimousinen aus Restbeständen des Horch-Werks zusammengebaut worden. Das letzte größere Auto aus Zwickau war der Sachsenring P 240, der von 1954 bis 1959 in 1382 Einheiten entstand. Dann mußte das mit einem eigenentwickelten 2,4-l-Sechszylindermotor ausgerüstete Modell, das in zahlreichen Baugruppen dem vormaligen Eisenacher EMW 340 ähnelte, endgültig günstiger konzipierten Importfahrzeugen aus der Sowjetunion weichen. Die Lkw-Herstellung in Zwickau endete übrigens ebenfalls 1959.

41

42

DDR

37 DKW F 5 Roadster.
Foto: Kittler
38 F 8 Cabrio in Exportausführung.
Foto: Kittler
39 F 8 Kombi.
Foto: Kittler
40 Sachsenring P 240.
Foto: Kittler
41 P 70 mit Schiebedach.
Foto: Bernstein
42 P 50.
Foto: Sammlung Obst
43 P 70 Coupé.
Foto: Kittler

43

Nach der Verlagerung des F 9 nach Eisenach hatte man sich der Kleinwagenproduktion zugewandt. Wegen der akuten Schwierigkeiten bei der Beschaffung von Karosserieblechen (besonders für den F 9), andererseits des fertigungstechnisch nicht mehr vertretbaren Aufwands der DKW-Gemischtbauweise (Holzgerippe und Kunstlederbespannung), wurde auf einen robusten Kleinwagen orientiert, dessen Karosseriebeplankung aus Kunststoff auf textiler Grundlage bestehen sollte. Erfahrungen mit einem derartigen Kunststoff hatte man in Zwickau bereits seit längerem gesammelt. Eine Interimslösung war der P 70 mit dem überarbeiteten, wassergekühlten 700-cm^3-Zweitaktmotor des F 8, der als erster Serienwagen der Welt eine Duroplastkarosserie erhielt, die allerdings auf das nur leicht modifizierte Chassis bzw. Holzgerippe des F 8 aufgebracht war. Von 1955 bis 1958 wurden davon 36 796 Einheiten gefertigt, ein Teil auch in den Karosserievarianten Kombi und Coupé.
Die Skepsis der Fachleute hinsichtlich der Verwendung des Phenol-Harz-Baumwoll-Gemisches sollte sich spätestens mit dem erfolgreichen Serienanlauf des neuen P 50 im Jahre 1958 als gegenstandslos erweisen. Dieser Kleinwagen verfügte über einen drehschiebergesteuerten 500-cm^3-Zweitaktmotor, der vom VEB Motorenwerk Karl-Marx-Stadt zugeliefert wurde. Gleichzeitig erfolgte der Zusammenschluß der bisherigen Betriebe VEB Sachenring (vormals Horch) und VEB Automobilwerke Zwickau. Neuartig war nicht nur der quereingebaute Zweizylindermotor, sondern auch die dem Zeitgeschmack entsprechende rundliche, auf ein Stahlblechskelett aufge-

DDR

Die wichtigsten Modelle aus dem VEB Sachsenring Automobilwerke Zwickau

Typ	Produktionszeit	Motor			Höchstgeschw.	Länge × Breite × Höhe	Radstand	Leermasse	Gesamtproduktion
		Zylinderzahl	Hubraum (cm³)	Höchstleistung (kW) bei Drehzahl (U/min)	(km/h)	(mm)	(mm)	(kg)	(Einh.)
F 8	1949/1955	2	690	15 b. 3500	85	4000 × 1480 × 1480	2600	750	26267
F 9	1949/1953	3	900	21 b. 3600	95	4200 × 1600 × 1450	2350	870	1880
P 240	1955/1959	6	2407	59 b. 4250	140	4730 × 1780 × 1680	2800	1480	1382
P 70	1955/1959	2	690	16 b. 3500	90	3740 × 1500 × 1430	2380	800	36796
P 50	1957/1959	2	500	13 b. 3750¹)	90	3775 × 1500 × 1395	2020	620	131495
P 60	1962/1964	2	595	17 b. 3800	100	3775 × 1500 × 1395	2020	630	106117
P 601	ab 1964	2	595	17 b. 4200²)	105	3595 × 1510 × 1470	2020	615	

Angaben nach: Kirchberg: Autos aus Zwickau.
¹) P 50/1 15 kW
²) P 63/65 19 kW
P 50 Kombi 1957/1962, P 60 Kombi 1962/1965, P 601 Universal ab 1965

plankte Duroplastkarosserie. Eine Leistungssteigerung von 13 auf 15 kW konnte ab 1960 u.a. mittels anders konstruierter Zylinder aus einer Eisen-Aluminium-Kombination erreicht werden. Das nunmehr Trabant P 50/1 genannte Auto erhielt erstmals ein synchronisiertes Vierganggetriebe.
Der nächste Schritt war eine Hubraumvergrößerung auf 600 cm³, dann folgte 1964 der Typ 601 mit neuer Karosserie und nochmals modifiziertem 600er Motor. Die wichtigsten Neuerungen erfuhr der Kleinwagen Ende der 60er Jahre mit der vorderen Duplexbremse (1967) und der Leistungssteigerung von 17 auf 19 kW (1969). Schon seit 1965 gibt es den Trabant mit der halbautomatischen Kupplung Hycomat, nutzbar auch als Bedienungserleichterung für Versehrte. Der Hycomat, der auch für den Wartburg zur Verfügung steht, entspricht prinzipiell dem bereits 1953 vorgestellten Saxomat (BRD).
Und genau wie bei den Vorgängern wurde wiederum eine Kombiversion entwickelt. Vor allem für kommerzielle Nutzer und Sonderbedarfsträger (z. B. Volksarmee) entstand eine spezielle Kübel-Variante (Exportbezeichnung Trabant-Tramp).
Verbunden mit der Erhöhung des Produktionsausstoßes war eine Modernisierung der Werkanlagen. Bis in die 70er Jahre hinein entstanden eine Vielzahl von Mechanisierungs- und Automatisierungseinrichtungen, darunter die automatische Steuerung der Niederdruckpressen für Karosserieteile, die

1

2

1 *Tatra T 623.*
Foto: Dünnebier

2 *Škoda 105 GL.*
Foto: Werkbild

3

4

5

3 *Škoda 120 GLS.*
Foto: Werkbild

4 *Škoda 120 L.*
Foto: Werkbild

5 *Škoda 120 LS.*
Foto: Werkbild

6 *Škoda Garde/Rapid.*
Foto: Starck

7 *Škoda Favorit.*
Foto: Huhle

6

7

8 *Melkus RS 1000.*
Foto: Werkbild

9 *Wartburg 353 W.*
Foto: Starck

8

9

10

11

10 *Wartburg Prototyp.*
Foto: Reiche

11 *Trabant 601 Universal.*
Foto: Starck

12 *Wartburg 1.3.*
Foto: Werkbild

12

13

14

13 *Polonez 1500.*
Foto: Werkbild

14 *FSO Wars.*
Foto: Böttcher

15 *Zastava 1100.*
Foto: Archiv Dünnebier

16 *Dacia 1310 und 1100.*
Foto: Dünnebier

17 *Dacia 1310 TX.*
Foto: Dünnebier

18 *Dacia 1302.*
Foto: Werkbild

15

16

17

18

19 Oltcit.
Foto: Werkbild

20 Aro 10.
Foto: Werkbild

19

20

44

45

46

DDR

Bilder S. 73
44 P 60 Kombi.
Foto: Kittler
45 Trabant P 601.
Foto: Werkbild
46 Trabant 601 Universal (Hycomat).
Foto: Huhle

47 Trabant-Studie von 1971/72.
Foto: Kittler
48 Trabant 601 Kübel.
Foto: Archiv Huhle

47

48

Vorkomplettierung der Karosserieböden in der Schweißstraße mittels automatischer Vielpunkteinrichtungen, die automatische Farbtauchanlage, die automatische Zahnradverkettungsanlage und die automatische Taktstraße zur Bearbeitung der Getriebegehäuse. Eine bedeutsame Betriebserweiterung war die Errichtung des Gelenkwellenwerkes Mosel. Zulieferungen gehen neben der vertraglich vereinbarten Zusammenarbeit mit Citroën/Peugot – u.a. an Škoda (40000 Wellen pro Jahr), Zastava (60000) und Zaporožez (knapp 300000).

Immer weiter vervollkommnet, aber im Grundprinzip unverändert, blieb der Trabant 601 über 20 Jahre lang im Produktionsprogramm und erreichte einen Gesamtausstoß von fast 3 Millionen Einheiten – die erste Million ist im November 1973 gefeiert worden, die zweite im Oktober 1982. Die Tagesproduktion erreichte 1984 über 500 Einheiten.

Genau wie für den Eisenacher Wartburg wurde ab Anfang der 80er Jahre intensiv an einem Nachfolger mit Viertaktmotor gearbeitet. Das immerhin populärste Auto der DDR sollte allerdings keinem vollkommen neuen Typ weichen, sondern partiell erneuert werden. Ein Anfang waren die Serieneinführung wartungsfreier Doppelgelenkwellen (1984) und die Vorstellung hinterer Federbeine (1986).

Mit dem bevorstehenden Einsatz eines 1,1-l-Vierzylinder-Viertaktmotors nach 1988 wird auch die Vorderradaufhängung mit McPherson-Federbeinen realisiert.

49 Trabant 601 S.
Foto: Dünnebier

Typ: Trabant 601

Karosserie	
Form/Aufbau:	Limousine/selbsttragend
Türen/Sitzplätze:	2/4
Motor	
Typ:	2-Zylinder-Reihen-Vergasermotor (Zweitakt)
Lage/Kühlung	Frontmotor quer/ luftgekühlt
Bohrung/Hub (mm):	72,0/73,0
Hubraum (cm³):	595
Verdichtung:	7,6 : 1
Leistung (kW):	19 bei 4200 U/min
Max. Drehmoment (Nm):	55 bei 3000 U/min
Kraftstoffaufbereitung:	Fallstromvergaser
Kraftübertragung	
Antriebsart:	Frontantrieb
Kupplung:	Einscheiben Trocken
Getriebe:	4-Gang (Vollsynchron), Stockschalt.
Fahrwerk	
Vorderradführung:	Einzelradaufh. an unt. Querl. und ob. Querblattfed., Teleskopstoßd.
Hinterradführung:	Einzelradaufh. an Dreieckl. u. Schraubenfed., Teleskopstoßd.
Bremse:	Trommelbremse v/ h (Zweikreis)
Lenkung:	Zahnstange
Reifen/Felgen:	145 SR 13/J × 13
Elektrik	
Batterie:	12 V 38 Ah
Drehstromlichtmaschine:	42 A

Massen, Maße, Fahrleistungen

Leermasse (kg):	615
Gesamtmasse (kg):	1000
Länge × Breite × Höhe (mm):	3595 × 1510 × 1470
Radstand (mm):	2020
Spurweite v/h (mm):	1206/1255
Bodenfreiheit (mm):	155
Wendekreisdurchmesser (m):	9,5
Kofferraumvolumen (dm³):	415
Tankinhalt (l):	26
Höchstgeschwindigkeit (km/h):	100
Beschleunigung 0–100 km/h (s):	18
Kraftstoffverbrauch (l/100 km):	7 bis 9 (Werk)

Der Trabant basiert auf einem Plattformrahmen, der mit einem Stahlblechgerippe verschweißt ist. Das Beplankungsmaterial besteht aus einem Duroplast-Kunststoff. Angetrieben wird der viersitzige Kleinwagen von einem Zweizylinder-Zweitaktmotor, dessen Urahnen aus der DKW-Zeit stammen. Mit Alfer-Zylindern, verändertem Strömungsverhalten, anderen Kolben, veränderter Zylinderkopfdichtung, höherer Lüfterdrehzahl und überarbeiteter Auspuffanlage konnte die Leistungsausbeute auf 19 kW erhöht werden. Bedeutsame Neuerungen stellten der Radantrieb mittels Kugelgleichlauf-Gelenkwellen sowie die wartungsfreien Spurstangengelenke dar. Der Verbesserung des Gebrauchswerts dienten die Umstellung des Bord-E-Netzes von 6 auf 12 V (1983) und die elektromagnetische Zündanlage. Der vom Käufer mehr und mehr favorisierte Kombi Trabant Universal verfügt über einen 450-l-Kofferraum, der sich bei umgeklappter Hecklehne auf 1400 l vergrößert. Letzte Neuerungen am Trabant betrafen die verbesserte Heizung und Entlüftung sowie das H-4-Licht. Exportiert wurde der Trabant 601 u.a. in alle sozialistischen Länder (außer der Sowjetunion) und nach Belgien, Dänemark, Finnland, Norwegen, Spanien sowie nach Südamerika.

1

2

1 Zastava AR 51. Foto: Archiv Dünnebier
2 Zastava 600 D Foto: Archiv Dünnebier
3 Zastava 750. Foto: Archiv Dünnebier
4 Zastava 1100 E. Foto: Archiv Dünnebier
5 Zastava 600 Multipla. Foto: Archiv Dünnebier
6 Zastava 1300. Foto: Archiv Dünnebier

Pkw-Jahresproduktion in Jugoslawien

Jahr	Eigenproduktion (Zastava)	Eigenproduktion und Importmontage (Summe)
1960	9000	
1965	45000	
1970	63000	
1975	132000	
1977	186000	233500
1978	201000	253900
1979	214000	279600
1980	186000	
1981	180000	
1982		212000
1983	168000	
1984	187000	253000
1985	156924	225200
1986	169957	253300
1987	216580	
1988	238700	

Jugoslawien

YU

Ebenso wie in anderen Ländern Südosteuropas mit traditionell auf die Agrarproduktion orientierter Wirtschaft verfügte auch Jugoslawien bis zum Anfang der 50er Jahre nicht über eine eigene Pkw-Produktion. Die erste jugoslawische Automobilfabrik war die am 31. Dezember 1946 in Maribor gegründete Nutzfahrzeugfirma TAM.
1954 wurde ein Abkommen mit dem italienischen Fiat-Konzern zum Bau eines Pkw-Werks geschlossen, und es wurden Lizenzvereinbarungen getroffen. Dies war der Grundstein für die gesamte weitere Entwicklung der Pkw-Produktion in Jugoslawien. Bis in die jüngste Zeit orientieren sich die technischen Lösungen an ausländischen Baumustern, oder es erfolgte eine reine Montagefertigung.
Die Produktionskapazitäten wurden besonders seit der Mitte der 60er Jahre ausgebaut. Gegenwärtig erreicht der Jahresausstoß der fünf jugoslawischen Pkw-Werke rund eine Viertelmillion Einheiten, wovon etwa 20 Prozent aus reinen Importteilen montiert werden. Ein Großteil der in Jugoslawien produzierten Pkw geht in den Export. So wird beispielsweise das VW-Modell Caddy

3

4

5

6

in Jugoslawien montiert und tritt von hier aus den Weg zu den europäischen Märkten an. Mitte der 80er Jahre erzielte die Automobilindustrie des Balkanstaates in den USA stark beachtete Verkaufserfolge mit der Fiat-Modifikation Zastava Yugo.

Z.C.Z. – Zavodi Crvena Zastava in Kragujevac

Das Werk „Rote Fahne" (Crvena Zastava) nimmt heute mit einer Jahreskapazität von 200 000 Einheiten die absolute Spitzenposition unter den jugoslawischen Automobilfirmen ein. Aus einer ehemaligen Werkzeugmaschinen- und Waffenfabrik entstand nach dem Vertragsabschluß mit Fiat im Jahre 1954 die erste jugoslawische Produktionsstätte für PKW. Die Produktion begann mit den Fiat-Typen 1400 BJ und Campagnola. Auch leichte Nutzkraftfahrzeuge gehörten von Anfang an zum Fertigungsprogramm.

Ab Oktober 1955 wurde in Kragujevac der Fiat 600 gebaut. Durch Hubraumvergrößerung und Leistungssteigerung entstanden bei nur wenig geändertem Wagenkörper die Varianten 750 und 850. Bis zur Produktionseinstellung im August 1986 wurden insgesamt 923 847 Einheiten dieser international sehr erfolgreichen Fiat-Konstruktion bei Z.C.Z. gefertigt. Besonders in den 50er und 60er Jahren wurden weitere Fiat-Typen montiert – der 1100 E, der 600 Multipla, der 1800 B und der 2300.

YU

7 Zastava 1300 Sanitet.
Foto: Archiv Dünnebier
8 Zastava 128 C 1100 mit Stufenheck.
Foto: Dünnebier
9 Zastava 1100 Mediteran.
Foto: Dünnebier

Bild S. 80
11 Yugo 45.
Foto: Kittler

7

8

9

Große Stückzahlen erreichte der Zastava 1300, der – ab 1961 gebaut – ebenfalls dem Fiat-Original weitgehend glich. Als eigene Karosserievariante wurde u.a. ein Krankenwagen („Sanitet") montiert. Die später auch mit dem 1500er Motor gelieferte Limousine blieb bis Ende der 70er Jahre im Programm.

In Anlehnung an den Fiat 128 wird seit 1971 in großen Stückzahlen der Zastava 1100 produziert, der in Jugoslawien auch als Typ 101 bezeichnet wurde und in der BRD als Fiat 1100 Z lief. In polnischer FSO-Montage entstand der Zastava 1100 P. Die zweitürige (Schrägheck-) Ausführung wurde als „Mediteran" bezeichnet.
Abweichend vom Fiat-Original wurde hier ein nach innen geknicktes Fließheck mit Ladeklappe konzipiert. Seit Anfang 1984 wird auch eine dem Vorbild entsprechende Stufenheckvariante (Zastava 128 1100) angeboten.

Mit eigener Karosserie, aber technischer Anlehnung an den Fiat 127, entsteht seit 1980 der Yugo – ursprünglich mit einem 900-cm^3-Motor als Typ 45, später auch mit den Motoren des Typs 101 als Yugo 55 sowie mit einem 1298-cm^3-Motor (48 kW) als Yugo 65 A. Etwa die Hälfte der Z.C.Z.-Produktion entfällt inzwischen auf den Yugo, von dem 1987 auch eine Cabrioletvariante vorgestellt wurde.

YU

10 Zastava 1100.
Foto: Kittler

Typ: Zastava 1100

Karosserie	
Form/Aufbau:	Kombilimousine/ selbsttragend
Türen/Sitzplätze:	5/5
Motor:	
Typ:	4-Zylinder-Reihen-Vergasermotor 128 A 064
Lage/Kühlung:	Frontmotor/ flüssigkeitsgekühlt
Nockenwelle und Ventile:	OHC
Bohrung/Hub (mm)	80,0/55,5
Hubraum (cm^3):	1116
Verdichtung	9,2 : 1
Leistung (kW):	41 bei 6 000 U/min
Max. Drehmoment (Nm):	80 bei 3 000 U/min
Kraftstoffaufbereitung:	Fallstromvergaser
Kraftübertragung	
Antriebsart:	Frontantrieb
Kupplung:	Einscheiben Trocken (mech. betät.)
Getriebe:	4-Gang (Vollsynchron), Knüppelschalt.
Fahrwerk	
Vorderradführung:	Einzelradaufh. an Querl., Federbeine, Schraubenfed., Teleskopstoßd.
Hinterradführung:	Einzelradaufh. an Dreieckquerl., Querblattfed., Teleskopstoßd.
Bremse:	Scheibenbremse v/ Trommelbremse h (Zweikreis)
Lenkung:	Zahnstange
Reifen/Felgen:	145 R 13/4 ½ J 13

Elektrik	
Batterie:	12 V 34 Ah
Drehstromlichtmaschine:	33 A
Massen, Maße, Fahrleistungen	
Leermasse (kg):	835
Gesamtmasse (kg):	1 235
Länge × Breite × Höhe (mm):	3 836 × 1 590 × 1 372
Radstand (mm):	2 449
Spurweite v/h (mm):	1 304/1 300
Bodenfreiheit (mm):	145
Wendekreisdurchmesser (m):	10,3
Kofferraumvolumen (dm^3):	325
Tankinhalt (l):	38
Höchstgeschwindigkeit (km/h):	135
Beschleunigung 0–100 km/h (s):	17
Kraftstoffverbrauch (l/100 km):	6,6/8,8/9,0 (90–120 km/h – Stadt [ECE])

Seit der Serieneinführung 1971 wurden verschiedene Varianten dieses Modells vorgestellt, u.a. Ausführungen mit 1 300-cm^3-Motor und Drei- bzw. Zweivergaser-Bestückung (48 bzw. 54 kW).
Nur 15 kg schwerer als der Originaltyp Fiat 128, bietet der Zastava ein beachtliches Innenraumangebot: Die Sitzraumbreite liegt bei 1,33 m, die Rücksitzbank ist vorklappbar und ermöglicht eine Vergrößerung des 1,28 m breiten Kofferraums auf 1 010 l. Das Reserverad ist im Motorraum untergebracht, und der Tank liegt – ebenfalls raumsparend – flach zwischen dem Rahmenwerk.
Ende der 70er Jahre wurden die viertürige Standardversion und der zweitürige Mediteran auch bei FSO in Warschau montiert. Beginnend mit dem modernisierten Frontteil wurde die äußere Gestaltung zunehmend am Originaltyp Fiat 128 orientiert, mit dem die viertürige Stufenheckausführung des Zastava 1 100 nahezu identisch ist. Das Programm wird durch sportliche bzw. komfortable Varianten (GT/GTL) abgerundet.

YU

11

In relativ kleinen Stückzahlen montiert man bei Z.C.Z. den sowjetischen Lada und die polnischen Modelle Polonez und FSO 125 p. Mit den Fiat-Lizenznehmern in der UdSSR und in Polen wurde eine Kooperation auf dem Einzelteilsektor vereinbart. Montagen aus italienischen Teilelieferungen runden das Zastava-Programm ab (z.B. Regata und Croma).
1987 wurde ein neuer Typ präsentiert, der den 101 ablösen wird.

Der als Yugo Florida bezeichnete Pkw (Typ 103) ist von Ital Design gestaltet worden. Als Motorisierung sind 1,4- und 1,6-l-Benzinmotoren und ein 1,7-l-Dieselaggreat konzipiert. Knapp 4 m Außenlänge, vier Türen und Heckklappe und ein c_w-Wert von 0,32 sind weitere Eckdaten.
Auch beim Perspektivtyp 104, dessen Fertigung für 1989 vorbereitet wurde, nutzt man formgestalterische und technische Lösungen aus Italien.

I.M.V. – Industrija Motornih Vozil in Novo Mesto

Die Betriebsgründung als Montagewerk für DKW-Lieferwagen war im Jahre 1955. 1960 wurde der DKW 1000 montiert, und in den 60er Jahren erfolgte die Produktion von Kleinbussen und Lieferwagen mit eigenen Aufbauten.
Die Lizenzbeziehungen wurden nach Großbritannien ausgeweitet:
1967 montierte man die BLC-Typen Austin 1100/1300.
Im Jahre 1972 kam es zur Unterzeichnung eines Vertrages mit Renault, nach

12 *Yugo 45.*
Foto: Kittler

Typ: Zastava Yugo 45

Karosserie	
Form/Aufbau:	Kombilimousine/ selbsttragend
Türen/Sitzplätze:	3/5
Motor	
Typ:	4-Zylinder-Reihen-Vergasermotor
Lage/Kühlung:	Frontmotor/ flüssigkeitsgekühlt
Nockenwelle und Ventile:	OHV
Bohrung/Hub (mm):	65,0/68,0
Hubraum (cm^3):	903
Verdichtung:	9,0 : 1
Leistung (kW):	33 bei 5600 U/min
Max. Drehmoment (Nm):	62 bei 3000 U/min
Kraftstoffaufbereitung:	Fallstromvergaser
Kraftübertragung	
Antriebsart:	Frontantrieb
Kupplung:	Einscheiben Trocken
Getriebe:	4-Gang (Vollsynchron), Knüppelschalt.
Fahrwerk	
Vorderradführung:	Einzelradaufh. an Querl., Federb., Schraubenfed., Teleskopstoßd.
Hinterradführung:	Einzelradaufh. an Dreieckquerl., Querblattfed., Teleskopstoßd.
Bremse:	Scheibenbremse v/ Trommelbremse h mit Servo (Zweikreis)
Lenkung:	Zahnstange
Reifen/Felgen:	135 R 13 oder 155 R 13/4 J bzw. 4 ½ J × 13
Elektrik	
Batterie:	12 V 34 Ah
Wechselstromlichtmaschine:	33 A
Massen, Maße, Fahrleistungen	
Leermasse (kg):	720
Gesamtmasse (kg):	1120
Länge × Breite × Höhe (mm):	3490 × 1542 × 1390
Radstand (mm):	2150
Spurweite v/h (mm):	1308/1295
Wendekreisdurchmesser (m):	10,0
Kofferraumvolumen (dm^3):	170 (780)
Höchstgeschwindigkeit (km/h):	135
Beschleunigung 0–100 km/h (s):	21,7
Kraftstoffverbrauch (l/100 km):	5,9/8,1/8,4 (90–120 km/h – Stadt [ECE])

Im Frühjahr 1980 präsentierte Zastava den Yugo (auch: Jugo) 45. Wie die anderen Baumuster des Werkes orientiert sich dieser Typ an einer Fiat-Konstruktion, im konkreten Fall am Fiat 127. Allerdings wurde der Karosserieaufbau gründlich überarbeitet. Neben dem Yugo 45 werden als Yugo 55 Varianten mit 1100 cm^3 (41 kW) bzw. 1300 cm^3 (48 kW) angeboten. International bekannt wurde der Yugo durch den seit Sommer 1985 laufenden USA-Export. Dort erfreut sich dieser Kleinwagen – neben starker südkoreanischer Konkurrenz – reger Nachfrage.

YU

13 *Yugo Florida.*
Foto: Werkbild

Typ: Yugo Florida 1.4 (Florida 1.6)

Karosserie	
Form/Aufbau:	Limousine/ selbsttragend
Türen/Sitzplätze:	4/5
Motor	
Typ:	4-Zylinder-Reihen-Vergasermotor
Lage/Kühlung:	Frontmotor/ flüssigkeitsgekühlt
Nockenwelle und Ventile:	OVC
Hubraum (cm^3):	1 372 (1 580)
Leistung (kW):	51,8 (61,8) bei 6 000 U/min
Max. Drehmoment (Nm):	106 (121,6) bei 3 000 U/min
Kraftübertragung	
Antriebsart:	Frontantrieb
Kupplung:	Einscheiben Trocken
Getriebe:	5-Gang (Vollsynchron),
Fahrwerk	
Vorderradführung:	McPherson-Federbein
Hinterradführung:	Verbundlenkerachse, Teleskopstoßd., Schraubenfed.
Bremse:	Scheibenbremse v/ Trommelbremse h mit Servo (Zweikreis)
Lenkung:	Zahnstange
Reifen/Felgen:	165/70 R 13/4½ J × 13
Elektrik	
Batterie:	12 V
Massen, Maße, Fahrleistungen	
Leermasse (kg):	880
Gesamtmasse (kg):	1 420
Länge × Breite × Höhe (mm):	3 932 × 1 658 × 1 410
Radstand (mm):	2 500
Spurweite v/h (mm):	1 400/1 395
Wendekreisdurchmesser (m):	10,3
Kofferraumvolumen (dm^3):	410
Tankinhalt (l):	48
Höchstgeschwindigkeit (km/h):	160 (170)
Beschleunigung 0–100 km/h (s):	13 (12)
Kraftstoffverbrauch (l/100 km):	5,2/7,1/8,5 (5,0/6,9/8,9) nach ECE

Nach nur dreijähriger Entwicklungszeit wurde auf dem Belgrader Automobilsalon 1987 ein attraktives Nachfolgemodell für den Zastava 101 vorgestellt. Der Karosserieentwurf für die deutlich größer ausgefallene Vollhecklimousine stammt vom italienischen Star-Designer Giorgio Giugaro (Ital Design); mit der Typenbezeichnung Yugo Florida weist man gleichermaßen auf Herkunftsland und wichtigen Exportmarkt hin. Immerhin entwickelte sich die parallel erzeugte Kleinwagenbaureihe Yugo 45/55 zu einem wahren Exportschlager der jugoslawischen Industrie: Allein in den USA wurden 1987 rund 57 300 Einheiten verkauft; mit einem attraktiven Cabriolet (1 300 cm^3, 48 kW) wurde 1987 die Modellpalette noch erweitert.
Für den Yugo Florida sollen Fiat-Motoren mit 1,4 und 1,6 l Hubraum und einer Leistung von 52 bzw. 62 kW bei jeweils 6 000 U/min Verwendung finden. Die quergestellte Frontantriebseinheit wurde so konzipiert, daß auch die bisherigen Zastava-Motoren – ebenfalls bauartgleich mit früheren Fiat-Konstruktionen – und ein 1,7-l-Dieselmotor von SOFIM eingesetzt werden können. Alle Ottomotoren will man serienmäßig mit Abgaskatalysator ausrüsten. Nach Herstellerangabe sollen alle Versionen des Yugo Florida bei 90 km/h etwa 5,0 l/100 km/h verbrauchen. Unterstützt wird diese Verbrauchswirtschaftlichkeit durch die strömungsgünstige Karosserie mit einem Luftwiderstandsbeiwert von c_w = 0,32. Der Innenraum ist vielfältig wandelbar, durch Umklappen der Fondsitze läßt sich der Laderaum von 0,41 auf 1,4 m^3 vergrößern.
Im ersten Produktionsjahr (1988) sollten 20 000 Einheiten des neuen Yugo Florida hergestellt werden, Schwerpunkt wird zunächst die Kleinwagenbaureihe Yugo 45/55 bleiben.

14 Yugo Florida Cabrio.
Foto: Archiv Huhle
15 Citroën Dyane 4 aus jugoslawischer Produktion.
Foto: Dünnebier
16 Volkswagen 1200 J.
Foto: Kittler

14

15

16

dem bisher ungefähr 500 000 Pkw (z. B. R 4) und 50 000 Transporter montiert wurden. Dieser Vertrag ist bis 1990 verlängert worden. Der Schwerpunkt wird weiter auf der Montage des im Ursprungsland nicht mehr gefertigten R 4 liegen. Internationale bekannt wurde I. M. V. durch den Bau des Adria-Caravans.

Tovarna Automobilov CIMOS in Koper

In der ursprünglich unter dem Namen TOMOS arbeitenden Firma werden seit 1959 Citroën-Modelle montiert (z. B. 2 CV, Dyane, GS). Nach der im Jahre 1972 abgeschlossenen Vereinbarung erfolgte die Umbenennung in CIMOS. 1976 erreichte die Jahresproduktion rund 8500 Einheiten. 1982 wurde der Vertrag mit Citroën nochmals um zehn Jahre verlängert. CIMOS erhielt das alleinige Produktionsrecht für bestimmte Zulieferteile des Modells BX. 1986 wurde die Werkskapazität erweitert, um als Kompensationsgeschäft Teile für den neuen Citroën AX zu fertigen. Insgesamt verfügt CIMOS über rund 1100 Beschäftigte.

YU

17 TAS-Golf J II.
Foto: Kittler
18 TAS-Jetta J II.
Foto: Dünnebier

17

18

IDA in Kikinda

Die Zulieferfirma IDA vereinbarte im Jahre 1977 mit General Motors die Montage von Opel-Pkw und gleichzeitig die Lieferung von Einzelteilen an die BRD-Firma. Im Jahre 1982 erreichten die Kooperationsbeziehungen mit Opel einen Gesamtumfang von 100 Millionen DM. Im gleichen Jahr wurden fast 5000 IDA-Opel abgesetzt. Der Opel-Typ Senator läuft in Jugoslawien unter der Bezeichnung „Kikinda"

TAS – Tvornica Automobila Sarajevo in Vagosca

Unter dem Namen „Pretis" produzierte die Firma anfangs NSU-Zweiräder und ab 1964 den NSU-Pkw Prinz 1200. Nach umfassenden Investitionsmaßnahmen arbeitet TAS seit 1972 mit dem VW-Konzern zusammen und begann mit der Montage des Käfers (VW 1200 J und 1300 J). 1976 folgte der Golf, später der Jetta, seit 1985 bzw. 1986 in den erneuerten Ausführungen. Bekannt wurde das Unternehmen TAS, bei dem VW eine Kapitalbeteiligung von 49 Prozent hält, durch die Fertigung der Pickup-Variante Caddy. Dieser Typ wird nur in Jugoslawien für das europäische Vertriebsnetz von VW produziert. Etwa 10 000 Caddys gehen jährlich in die BRD. Als Gegenleistung bezieht TAS Teilesätze für die Fahrzeuge der Golf-Klasse.
Insgesamt fertigte TAS im Jahre 1984 27 700 VW-Pkw und -Pickup. 1983 waren es insgesamt 26 200 Einheiten .

YU

19 *TAS-VW-Caddy.*
Foto: Werkbild

Typ: TAS – Volkswagen Caddy

Karosserie	
Form/Aufbau:	Pickup/selbsttragend
Türen/Sitzplätze:	2/2
Motor	
Typ:	4-Zylinder-Reihen-Vergasermotor
Lage/Kühlung:	Frontmotor/flüssigkeitsgekühlt
Nockenwelle und Ventile:	OHC
Bohrung/Hub (mm):	81,0/77,4
Hubraum (cm^3):	1595
Verdichtung:	9,0 : 1
Leistung (kW):	55 bei 5000 U/min
Max. Drehmoment (Nm):	125 bei 2500 U/min
Kraftstoffaufbereitung:	Fallstromvergaser
Kraftübertragung	
Antriebsart:	Frontantrieb
Kupplung:	Einscheiben Trocken
Getriebe:	4-Gang (Vollsynchron), Knüppelschalt.
Fahrwerk	
Vorderradführung:	Einzelradaufh. an Dreieckquerl., Federbeine, Schraubenfed., Teleskopstoßd.
Hinterradführung:	Starrachse an Blattfed., Teleskopstoßd.
Bremse:	Scheibenbremse v/ Trommelbremse h mit Servo (Zweikreis)
Lenkung:	Zahnstange
Reifen/Felgen:	165 R 13/4 ½ J × 13
Elektrik	
Batterie:	12 V 36 Ah
Wechselstromlichtmaschine:	45 A

Massen, Maße, Fahrleistungen

Leermasse (kg):	995
Gesamtmasse (kg):	1625
Länge × Breite × Höhe (mm):	4370 × 1640 × 1430
Radstand (mm):	2625
Spurweite v/h (mm):	1390/1375
Bodenfreiheit (mm):	155
Wendekreisdurchmesser (m):	11,5
Laderaumfläche (mm^2):	1835 × 1305
Tankinhalt (l):	60
Höchstgeschwindigkeit (km/h):	140
Kraftstoffverbrauch (l/100 km):	8,3 (DIN-Norm)

Der Caddy ist ein Baukastenmodell des VW-Konzerns. Der komplette vordere Wagenteil entspricht dem Golf I. Die Pickup-Lösung lehnt sich eng an das entsprechende Baumuster der amerikanischen VW-Tochtergesellschaften an.
Neben dem Vergasermotor wird auch ein 1,6-l-Dieselmotor mit 40 kW Höchstleistung angeboten. Zusätzlich zur Grundausstattung ist der Caddy auch mit Plane und Spriegel oder mit Kunststoff-Kastenaufbau lieferbar.

1

2

1 CWS T 1.
Foto: Archiv Kittler
2 CWS von 1923.
Foto: Archiv Kittler
3 LS V 8.
Foto: Archiv Kittler
4 Polski-Fiat 508.
Zeichnung: Dünnebier
5 P 80.
Zeichnung: Archiv Kittler
6 Gad 500.
Zeichnung: Archiv Kittler

Polen

PL

Der erste Schritt zur Motorisierung Polens war die Gründung der Vertriebsfirma Polski-Fiat in Warschau im Jahre 1921. In der Folgezeit bemühten sich andere renommierte Hersteller ebenfalls um derartige Vertriebsabkommen. Doch auch in Polen selbst kam es zu Anfängen einer landeseigenen Pkw-Fertigung: Von 1923 bis 1931 entstand in Kleinserienfertigung der CWS T1 von Centralne Warsztaty Samochodowe (CWS). Der von Ingenieur T. Tanski entwickelte große Sechssitzer verfügte über einen Vierzylindermotor, der mit 3000 cm^3 Hubraum 44 kW bei 3000 U/min hervorbrachte. Insgesamt entstanden von diesem Fahrzeug 800 Einheiten, davon 500 Pkw, 250 Sankra und 50 Polizeiwagen. Ausgangspunkt für die weitere Motorisierung des Landes war die Gründung von Państwowe Zakłady Inzýnierii (PZI) im Jahre 1930. Hier wurden eigenständige Pkw-Konzeptionen entwickelt und in die Produktion überführt. So wurde 1936 der Prototyp Lux-Sport (LS) mit 3880 cm^3 großem V-8-Motor (70 kW bei 3600 U/min) vorgestellt. Zur Kleinse-

3

4

5

6

rienfertigung des LS kam es zwischen 1938 und 1941. Etwa im gleichen Zeitraum entstand der PZI 713.
Inzwischen hatte sich eine Lizenzproduktion in Polen entwickelt. Ab 1934 wurden der Fiat 508 (1-l-R4-Motor, 18 kW bei 3600 U/min) und der Fiat 518 (R4-Motor, 33 kW bei 3400 U/min) gefertigt. Das jährliche Montageaufkommen belief sich auf 2500 bis 3000 Einheiten. Von 1936 bis 1939 wurde der Fiat 508 in überarbeiteter Form montiert. Insgesamt entstanden 9300 Einheiten.
Kleinere Montagefirmen fertigten den Fiat 500 Topolino, den Fiat 1100 und 1500, den Steyr 55 und – bei Fabryka Lokomotyw – verschiedene Renault-Typen. Nachdem 1935 das Kleinmontagewerk Lilpop, Rau & Loewenstein durch General Motors für die Montage von Pkw und Lkw umgerüstet worden war, lag dort die Jahresproduktion bei fast 1000 Einheiten pro Jahr. Von 1937 bis zum 1. September 1939 entstanden insgesamt 4528 Einheiten der Buick 41 und 90, der Chevrolet Master Sedan, Master Touring Sedan und Master de Luxe, des Chevrolet Imperial, der Opel Kadett und Olympia sowie der Nutzfahrzeuge Chevrolet 112, 122, 131 und 157.
Mit dem deutschen Überfall auf Polen endete auch die Produktion ziviler Kraftfahrzeuge. Den Anfang der Nachkriegsmotorisierung markierte ein erneuter Lizenzvertrag mit Fiat im Jahre 1948, der jedoch im Jahr der Fertigstellung des neuen FSO-Werks in Warschau-Zeran 1949 wieder gekündigt wurde. Statt dessen produzierte man von 1951 bis 1973 den sowjetischen

7

8

7 WFM Fafik.
Zeichnung: Archiv Kittler
8 Smyk.
Foto: ADN-Zentralbild
9 Pionier.
Zeichnung: Archiv Kittler

9

GAZ M-20. Parallel dazu lief der eigenentwickelte Syrena-Kleinwagen vom Band. In großen Stückzahlen entstand ab 1968 der Polski-Fiat 125p. Ihm zur Seite gesellte sich später der Polonez. Anfang der 70er Jahre wurde das Pkw-Werk FSM in Bielsko Biata und Tychy errichtet, wo seit 1974 der Polski-Fiat 126p gefertigt wird.

Kleinwagen haben in Polen eine wirkliche Tradition: Bis 1960 hatte es zahlreiche Kleinwagen-Versuchsmuster gegeben, die jedoch meist das Prototypenstadium nicht überschritten. Einen gewissen Erfolg konnte nur der von 1957 bis 1960 gebaute Mikrus MR 300 von WSK für sich verbuchen. Insgesamt wurden 1723 Einheiten dieses Kleinstwagens gebaut.
Bis Ende der 80er Jahre verhandelte Polen intensiv über die Nachfolgemodelle für seine Fiat-Lizenzen entsprungenen Pkw. Bessere Offerten als die Verhandlungspartner von Renault und Daihatsu bot der traditionelle Lizenzpartner Fiat, mit dem bereits 1986 die Errichtung neuer Fertigungsanlagen abgesprochen wurde.
Polnische Pkw erfreuen sich nicht nur innerhalb des RGW reger Nachfrage. Exportiert wird auch nach Afrika, Südamerika und Asien. In Ägypten existiert sogar ein Lizenzmontagewerk für den Polonez. Baugruppen werden vor allem mit Jugoslawien und der UdSSR ausgetauscht. Auch Ungarn kooperiert bei Fahrzeugteilen.

10

11

12

10 Mikrus MR 300 Pickup.
Zeichnung: Archiv Kittler
11 Stal 300.
Zeichnung: Archiv Kittler
12 Mikrus MR 300 und Prototyp Meduza.
Foto: ADN-Zentralbild

FSO – Fabryka Samochodów Osobowych in Warschau-Zeran

1948 war mit Fiat ein Zweimillionen-Dollar-Vertrag über die Lizenzfertigung der Typen 1100 B und 1400 für die Dauer von zehn Jahren abgeschlossen worden. Die geplante Jahreskapazität sollte bei über 20000 Einheiten liegen. Der Beschluß zum Bau eines neuen Pkw-Werks in Zeran datiert vom 31. Juli 1948. Im Folgejahr war das Werk fertiggestellt (Jahreskapazität 10000 Einheiten). Doch aus politischen und kommerziellen Gründen wurde der Lizenzvertrag mit Fiat gekündigt.
Dafür kam es am 22. Juli 1950 zum Vertragsabschluß über die Produktion des sowjetischen GAZ M-20. Die Fertigung des als Warszawa bezeichneten Typs lief am 6. November 1951 an, zunächst ausschließlich mit sowjetischen Baugruppen und Bauteilen. 1951 entstanden lediglich 75 Einheiten, im Folgejahr ware es fast 1600. Nach der Inbetriebnahme des eigenen Motorfließbands 1953 und der Galvanisierungsabteilung, der Gießerei und der Armaturenfertigung 1954 ging die Lieferung sowjetischer Teile allmählich zurück. Ab 1956 stammten alle Bauteile des Warszawa aus polnischer Eigenproduktion. Das Auto entsprach vollkommen dem GAZ M-20, und in Gorki vorgenommene Veränderungen fanden auch künftig Eingang in die polnische Produktion.

Polnische Kleinwagen der 50er Jahre

Typ	Karosserie	Produktionszeit und -ort	Motor[1] Zyl.-Zahl Lage Hubraum (cm³)	Höchstleistung (kW) bei Drehzahl (U/min)	Höchstgeschwindigkeit (km/h)	Länge × Breite × Höhe (mm)	Radstand (mm)	Betriebsmasse (kg)	Bemerkungen
Gad 500	Cabrio, vierrädrig	1953 Warschau	2-Zyl. Front 496	17 b. 4500					Prototyp
Pionier	Kombi, vierrädrig, dreitürig	1953	2-Zyl. Front 496	17 b. 4500		3800 × 1300 × 1500	2600		Prototyp
P 80	Cabrio, dreirädrig	1957 Katowice	1-Zyl. Heck 249	9 b. 4750	75	2450 × 1300 × 1200	1600	190	Prototyp, Motor CZ 250
Meduza	Limousine, vierrädrig, zweitürig	1957 Mielec	2-Zyl. Heck 296	11 b. 5100	85	3000 × 1300 × 1350	1850	500	Prototyp
Smyk	Kabinenroller, vierrädrig, zweitürig	1957 Warschau	1-Zyl. Heck 349	11 b. 5500	70	2950 × 1300 × 1370	1700	470	Prototyp
WFM Fafik	Limousine, vierrädrig, zweitürig	1958 Warschau	1-Zyl. 148	4,5 b. 4800	70			270	Prototyp, OSA-Baugruppen
Mikrus MR 300	Limousine, vierrädrig, zweitürig	1957/60 Mielec	2-Zyl. Heck 296	11 b. 5100	85	3010 × 1300 × 1300	1850	470	Kleinserie
Mikrus Cabriolet	Cabrio, vierrädrig, zweitürig	1957 Mielec	2-Zyl., Heck 296	11 b. 5100	85	3010 × 1300	1850		Prototyp
Mikrus MR 300 Pickup	Pickup, vierrädrig, zweitürig	1960 Mielec	2-Zyl. Heck 296	11 b. 5100	80	3010 × 1300 × 1600	1850	425	Prototyp
Stal 300	Kombi, vierrädrig, dreitürig	1958 Stalowa Wola	2-Zyl. Heck 296	11 b. 5100	70	3285 × 1500 × 1530	1250	500	Prototyp

Angaben nach: Zieliński: Polskie konstrukcje motoryzacyne 1947–1960.
[1]) alle Motoren Zweitakt-Ottomotoren

PL

Die wichtigsten Personenkraftwagen von FSO und FSM

Typ	Produktionszeit	Motor: Zylinderzahl	Motor: Hubraum (cm³)	Motor: Höchstleistung (kW) bei Drehzahl (U/min)	Höchstgeschwindigkeit (km/h)	Länge × Breite × Höhe (mm)	Radstand (mm)	Betriebsmasse (kg)
Warszawa								
M 20	ab 1951	4	2120	37 b. 2650	105	4665 × 1695 × 1640	2700	1360
203	ab 1964		2120	41 b. 4000	115	4740 × 1695 × 1565	2700	1420
Syrena								
101	1961/1962	2	746	20 b. 3800	100	4085 × 1520 × 1515	2300	930
102		2	800					
102 S		3	991	33 b. 4200	125	4080 × 1555 × 1515	2300	975
103		2	746	22 b. 4000	105	4095 × 1555 × 1515	2300	980
104	1967/1971	3	842	20 b. 4300	120	4095 × 1560 × 1450	2300	980
105								
125 p	ab 1968							
1300		4	1295	48 b. 5600	145	4225 × 1630 × 1440	2509	1090
1500		4	1481	55 b. 5400	155			1120
1500 Combi		4	1481	55 b. 5400	120	4235 × 1630 × 1475	2509	1175
Polonez	ab 1978							
1300		4	1295	48 b. 5600	140	4272 × 1650 × 1420	2509	1240
1500		4	1481	55 b. 5400	150			1250
1600		4	1598	65 b. 5400	160			1250
126 p								
600	1974/1976	2	594	17 b. 4500	105	3054 × 1377 × 1335	1840	680
650	ab 1976	2	652					700
126 BIS	ab 1987	2	703	18,5 b. 4500	116	3107 × 1377 × 1345	1840	645

1956 wurde der längere und breitere M-20 U (Prototyp) vorgestellt, dessen Motor auf 44 kW bei 3900 U/min leistungsgesteigert war. Im gleichen Jahr begann die Produktion des Sankra M 20 S. 1959 folgte der Pickup 200 P mit Pritsche und Plane. Auf der 1,85 m² großen Ladefläche konnten 500 kg Zuladung transportiert werden. Zuvor, 1957, hatte es bereits den Kombilieferwagen-Prototypen M 20 F von Jelczańskie Zakłady Naprawy Samochodów (JZNS) gegeben.
Die Produktion des M 20-Basismodells lief bis zum 15. Mai 1957. Mit nur geringfügig modifizierter Karosserie (versachlichter Kühlergrill), aber leistungsgesteigertem Motor (38 kW), erschien 1958 der Zwischentyp Warszawa 200. Nachdem FSO beim Design-Studio Ghia einen Auftrag zur Überarbeitung der Warszawa-Karosserie ausgelöst hatte, wurde 1960 die modernisierte Stufenheckvariante 201 präsentiert. Bei gleicher Länge und Breite war das Auto nun etwas niedriger. Der Motor entsprach dem des Vorgängers. Andere Karosserieversionen waren der Sankra 201 S und der 200 P Furgon, der vom 201er Lieferwagen abgelöst wurde. Die Jahreskapazität hatte bisher die 20 000er Grenze noch nicht überschreiten können. Exportiert wurde der Warszawa übrigens auch nach China und Brasilien.
Ab 1963 folgten die Modelle 203, 223, 204 und 224, jeweils auch mit Kombi- und Pickup-Varianten. Die wichtigste Veränderung betraf den Motor: Von der simplen Seitensteuerung war man zum obengesteuerten Otto-Motor (hängende Ventile) übergegangen. Mit diesen Motoren wurden und werden die polnischen Lieferwagen Zuk, Nysa und Tarpan ausgerüstet.

PL

13

14

13 *Warszawa M-20.*
Foto: Kittler
14 *Warszawa-Prototyp mit Stufenheck.*
Foto: Archiv Dünnebier
15 *Warszawa 203.*
Foto: Werkbild

15

Experimente gab es auch mit anderen Antriebsaggregaten: 1965 wurde der Prototyp 210 mit Sechszylindermotor und Viergang-Synchrongetriebe vorgestellt, drei Jahre später präsentierte man einen vom Perkins-Dieselmotor 4108 (38 kW bei 3800 U/min) angetriebenen Wagen. Am 30. März 1973 endete die Produktion des Warszawa. Insgesamt waren 254 470 Einheiten gefertigt worden.
Neben dem fünfsitzigen Mittelklasse-Warszawa betrieb man in Polen auch die Entwicklung kleinerer Autos. Zwischen den Jahren 1952 und 1954 arbeitete der Ingenieur Karol Pionnier an einem 4-m-Wagen, dessen Antrieb der Zweizylindermotor S 15 von BKPMot Bielsko besorgen sollte. Verwendung fanden bestimmte Bauteile des Warszawa, z. B. die hintere Halbelliptikfeder, die jetzt als vordere Querblattfeder diente. 1955 wurden in Poznań die Prototypen Syrena 100 und 107 vorgestellt. In die Serienproduktion ging schließlich 1957 der Syrena 101, wobei die projektierte Jahreskapazität bei 10 000 Einheiten liegen sollte. Es begann bescheidener: 1957 entstanden 200 und 1958 300 Einheiten. Aus dieser Zeit stammten die Prototypen Syrena Mikrobus und Syrena Sportcoupé. Letzteres, vorgestellt auf dem Internationalen Automobilsalon Brüssel, erregte erhebliches Aufsehen. Zu einer Produktion kam es jedoch nie.
Parallel zum Syrena 102 mit Zweizylindermotor wurde ab 1962/1963 auch der Syrena 120 S mit 991-cm^3-Wartburg-Dreizylindermotor ausgerüstet. Damit waren 34 kW bei 4300 U/min möglich. Wiederum aus Bielso Biała stammte der erste eigene Syrena-Dreizylindermotor (744 cm^3, 20 kW bei 3800 U/min), mit dem zunächst der Syrena 103 bestückt

PL

16

17

18

16 Syrena Mikrobus.
Zeichnung: Archiv Kittler
17 Warszawa Pickup von 1958.
Foto: ADN-Zentralbild
18 Syrena 100.
Foto: Archiv Dünnebier

wurde. Der auf 842 cm^3 vergrößerte Motor leistete später 29 kW bei 4300 U/min. Diese Motorausstattung wies der ab 1966 gefertigte Syrena 104 auf. Er besaß übrigens erstmals ein Viergang-Synchrongetriebe.
Letztes Modell war der Syrena 105, der ab 1971 vom Band lief. Dann wurde die Produktion zu FSM nach Bielsko Biała verlagert. Von 1957 bis zum Oktober 1972 waren damit bei FSO insgesamt 177 234 Einheiten des Syrena entstanden.
Neben der Limousinenversion hatte es in den 60er Jahren auch den R 20 genannten Pickup gegeben, der vor allem für ländliche Gebiete gedacht war. Erste Versuchsmuster für einen Nachfolger der rundlichen Syrena-Limousine stammten von 1963. Bis 1965 wurden insgesamt 15 Prototypen des Dreitürers Syrena 110 gefertigt, angetrieben von einem Vierzylinder-Viertaktmotor. Zu einer Serienproduktion kam es nie. Statt dessen behielt man bis zuletzt das Zweitaktprinzip und die antiquierte Formgebung bei.

Die Produktion des Fiat 125 begann in Italien im Jahre 1967. Bereits im Jahr zuvor hatte Polen die entsprechende Lizenz erworben, allerdings unter Verwendung von Motoren, Kraftübertragung, Fahrwerk und Innenausstattung des früheren Fiat 1300/1500. Geändert wurden auch Teile der Innen- und Außengestaltung (Motor- und Kofferraumhaube, Doppelrundscheinwerfer). 1967 lief bei FSO die Montage des 125p 1300 unter ausschließlicher Verwendung von italienischen Originalteilen an. 1968 erreichte der Anteil der in Polen gefertigten Einzelteile bereits

19

20

19 Syrena Sport.
Foto: Archiv Dünnebier
20 Syrena 102.
Foto: Archiv Dünnebier

40 Prozent, 1969 waren es 80 Prozent. In diesem Jahr wurden die automatische Taktstraße für die Zylinderbearbeitung und die Gießerei fertiggestellt. Die Jahresfertigung sollte daraufhin auf 150000 Einheiten steigen, ohne daß diese Zahl je erreicht wurde. Der 1500er Polski-Fiat war ab 1968 im Fertigungsprogramm.
In der Folgezeit wartete FSO mit einer Reihe von Neuerungen auf, sicher auch bedingt durch die Einführung der Zweischichtarbeit. So lief 1971 eine Probeserie des 125p 1500 Kombi an (Serienstart 1972). Im gleichen Jahr vorgestellt wurde ein zweitüriges FSO-Sportcoupé (Prototyp), für das zu 70 Prozent Serienteile des 125p verwendet wurden. Vorgesehen war auch ein Cabriomodell. 1973 folgten der 125p Pickup und ein geschlossener Lieferwagen mit geteilter Heckklappe sowie Spezialversionen für den Export. Die in Jugoslawien montierten 125 pz bestanden übrigens nur zu 40 Prozent aus polnischen Teilen. Mitte der 70er Jahre waren rund eine Million Polski-Fiat vom Band gerollt.
Die Warschauer Anlagen wurden erweitert bzw. Neubauten errichtet (FSO II westlich von Novy Dwór Mazowicki). Das Arbeitskräftepotential war auf 17000 gestiegen. Neben den acht Zweigbetrieben in Elbląg, Grodziec, Siedlce, Płock, Pamiechowek, Stegna, Muszyna und Augustów kamen Zulieferungen vom Stoßdämpferwerk Krosno und der Elektrofirma Sosnowiec.
Bis 1977 erfolgten über 3500 Konstruktionsänderungen gegenüber dem Basismodell. Modifikationen gab es auch in der Folgezeit, vor allem nach dem Serienbeginn des neuen Modells

PL

21 *Syrena 104.*
Foto: Kittler

Typ: Syrena 104

Karosserie	
Form/Aufbau:	Limousine/selbsttragend
Türen/Sitzplätze:	2/4
Motor	
Typ:	3-Zylinder-Reihen-Vergasermotor (Zweitakt)
Lage/Kühlung:	Frontmotor/ flüssigkeitsgekühlt
Bohrung/Hub (mm):	70,0/73,0
Hubraum (cm³):	842
Verdichtung:	7,2:1
Leistung (kW):	29 bei 4 300 U/min
Max. Drehmoment (Nm):	61 bei 2 800 U/min
Kraftstoffaufbereitung:	Fallstromvergaser
Kraftübertragung	
Antriebsart:	Frontantrieb
Kupplung:	Einscheiben Trocken
Getriebe:	4-Gang (Klauengetr.), Lenkradschalt.
Fahrwerk	
Vorderradführung:	Einzelradaufh. an Querl. u. halbell. Querblattfed., Teleskopstoßd.
Hinterradführung:	Starrachse an halbell. Querblattfed., Teleskopstoßd.
Bremse:	Trommelbremse v, h mit Servo (Zweikreis)
Lenkung:	Schnecke und Rolle
Reifen/Felgen:	4.50 K-15/4 J × 15
Elektrik	
Batterie:	12 V 37,5 Ah

Massen, Maße, Fahrleistungen	
Leermasse (kg):	880
Gesamtmasse (kg):	1 260
Länge × Breite × Höhe (mm):	4 095 × 1 560 × × 1 450
Radstand (mm):	2 300
Spurweite v/h (mm):	1 200/1 240
Bodenfreiheit (mm):	185
Wendekreisdurchmesser (m):	14,7 (r)/14,1 (l)
Kofferraumvolumen (dm³):	390
Tankinhalt (l):	33
Höchstgeschwindigkeit (km/h):	120
Beschleunigung 0–100 km/h (s):	38
Kraftstoffverbrauch (l/100 km):	8,5 (Werk)

Äußerlich glich der Syrena 104 immer noch dem Urmodell. Doch mittlerweile machte die rundliche, im Bemühen um etwas Windschnittigkeit entstandene Karosserie mit den hinten angeschlagenen Türen einen antiquierten Eindruck. Der Aufbau saß auf einem soliden Rahmenchassis, was allerdings auch problemlos andere Aufbauvarianten (Pickup und Kastenwagen) ermöglichte. Den früheren Zweizylindermotor hatte inzwischen ein etwas hubraumgrößerer Dreizylinder-Zweitaktmotor ersetzt. Syrena-Pkw waren vor allem für den Binnenmarkt konzipiert. Auch dann, als längst neue Modelle von den Fließbändern von FSO und FSM rollten, fand das robuste Auto seine Käufer.

PL

22

23

22 Syrena Pickup.
Foto: Kittler
23 Syrena 110.
Foto: Archiv Dünnebier
24 Polski Fiat 125p.
Foto: Sammlung Obst
25 Polski Fiat 125p Kombi.
Foto: Dünnebier
26 Polski Fiat 125p Sportcoupé.
Foto: Archiv Kittler

Polonez im Jahre 1978. Konstruktive Veränderungen wurden in der Regel an beiden Modellen vorgenommen. Weitgreifende stilistische und technische Weiterentwicklungen hatte das Modell 125p MR 75 aus dem Jahre 1975 erfahren, das künftig als Grundlage des Produktionsprogramms diente.
1977 wurde der Lizenzvertrag mit Fiat um weitere fünf Jahre verlängert. Danach war es FSO untersagt, ihre Wagen weiter mit „Polski-Fiat" zu bezeichnen. Das Automobilkombinat verfügte Mitte der 80er Jahre über 13 560 Beschäftigte allein im Warschauer Stammbetrieb. Dazu kamen 14 Kombinatsbetriebe mit insgesamt 11 200 Beschäftigten. Seit 1986 zählt auch die Automobilfabrik FSD Nysa, ein Hersteller von Kleintransportern, zu FSO. Neben dem 125p und dem neuen Polonez werden bei FSO auch Motoren, Getriebe und Achsen für andere polnische Kraftfahrzeuge gefertigt.

Die Nachfolge des 125p ist noch nicht endgültig geklärt. Daß noch nicht alle Potenzen des Großserienmodells aufgebraucht sind, beweisen Experimente mit anderen Antriebsaggregaten: 1986 wurden versuchsweise einige 125p mit 1,6-l-Dieselmotoren von VW (40 kW bei 4800 U/min) ausgerüstet. Bis zum gegenwärtigen Zeitpunkt ist eine Serienfertigung allerdings noch nicht vorgesehen.
Auf der 50. Internationalen Messe in Poznań im Jahre 1978 wurde der von FSO mit Unterstützung von Fiat konzipierte Polonez 1300/1500 vorgestellt.

FSO-Pkw-Produktion von 1951 bis 1985

Jahr	Warszawa	Syrena	125 p	Polonez	Lizenzmontage	Gesamt
1951	75					75
1952	1 575					1 575
1953	1 563					1 563
1954	1 678					1 678
1955	4 015					4 015
1956	6 105					6 105
1957	10 020	200				10 220
1958	13 173	660				13 833
1959	15 340	3 010				18 350
1960	14 825	4 025				18 850
1961	13 650	4 922				18 572
1962	14 636	5 610				20 246
1963	13 422	8 330				21 752
1964	13 455	9 521				22 976
1965	15 726	11 808				27 534
1966	17 724	13 354				31 078
1967	15 175	13 843				29 018
1968	17 780	16 183	7 101			41 064
1969	17 683	18 023	14 736			50 442
1970	16 232	20 382	31 986			68 600
1971	13 500	25 229	52 352			91 081
1972	12 803	22 134	59 728			94 665
1973	4 266	–	82 853		3 094	90 213
1974	–	–	104 381		4 809	109 190
1975	–	–	114 327		2 019	116 346
1976	–	–	116 940		5 850	122 790
1977	–	–	104 432	6	9 721	114 159
1978	–	–	98 075	3 506	11 132	112 713
1979	–	–	84 858	21 190	12 499	118 547
1980	–	–	69 649	32 229	12 241	114 119
1981	–	–	51 248	20 528	8 905	80 681
1902	–	–	47 044	18 017	2 801	67 862
1983	–	–	58 005	20 350	195	84 559
1984	–	–	61 029	27 733	–	88 762
1985	–	–	61 212	19 379	–	90 591

Angaben nach: Konieczniak: FSO 1951–1986.

24

25

26

PL

27

28

29

PL

27 *Polski Fiat 125p Pickup.*
Foto: Dünnebier
28 *Polski Fiat 125p MR 75.*
Foto: Kittler
29 *FSO Polonez 1500.*
Foto: Kittler
30 *FSO Polonez 1.5 LE mit neuer Front und bisherigem Heck.*
Foto: Dünnebier
31 *FSO Polonez 1.5 SLE mit alter Front und neuem Heck.*
Foto: Dünnebier
32 *FSO Polonez 1500 mit Breitscheinwerfern.*
Foto: Dünnebier

30

31

32

PL

33 *FSO Polonez 1.6 SLE.*
Foto: Dünnebier

Typ: Polonez 1.6 SLE

Karosserie

Form/Aufbau:	Kombilimousine/ selbsttragend
Türen/Sitzplätze:	5/5

Motor

Typ:	4-Zylinder-Reihen-Vergasermotor
Lage/Kühlung:	Frontmotor längs/ flüssigkeitsgekühlt
Nockenwelle und Ventile:	OHV
Bohrung/Hub (mm):	80,0/79,5
Hubraum (cm^3):	1598
Verdichtung:	9,5 : 1
Leistung (kW):	65 bei 5400 U/min
Max. Drehmoment (Nm):	130 bei 4000 U/min
Kraftstoffaufbereitung:	Doppelfallstromvergaser

Kraftübertragung

Antriebsart:	Heckantrieb
Kupplung:	Einscheiben Trocken (Tellerfeder)
Getriebe:	5-Gang (Vollsynchron), Knüppelschalt.

Fahrwerk

Vorderradführung:	Einzelradaufh. an Dreieckquerl., Schraubenfed. m. innenl. Teleskopstoßd., Querstab.
Hinterradführung:	Starrachse an Dreilagenblattfed. u. 2 Längsstreben, Teleskopstoßd.
Bremse:	Scheibenbremse v, h mit Servo (Zweikreis)
Lenkung:	Schnecke u. Rolle
Reifen/Felgen:	175 SR 13/4 ½ J × 13

Elektrik

Batterie:	12 V 48 Ah
Wechselstromlichtmaschine:	770 W

Massen, Maße, Fahrleistungen

Leermasse (kg):	1140
Gesamtmasse (kg):	1550
Länge × Breite × Höhe (mm):	4272 × 1650 × 1420
Radstand (mm):	2509
Spurweite v/h (mm):	1314/1292
Bodenfreiheit (mm):	140
Wendekreisdurchmesser (m):	10,8
Kofferraumvolumen (dm^3):	440 (1070)
Tankinhalt (l):	45
Höchstgeschwindigkeit (km/h):	160
Kraftstoffverbrauch (l/100 km):	6,0/8,5/9,5 (90–120 km/h-Stadt [ECE])

Die Karosserie des Polonez mit einem c_w-Wert von 0,35 entspricht internationalen Tendenzen, wenngleich bei diesem Auto wenig Wert auf eine kompakte Gestaltung gelegt wurde. Auffällig die rundherumlaufenden, den ECE-Empfehlungen entsprechenden stoßabsorbierenden Kunststoffflächen und die gewöhnungsbedürftige Hochbeinigkeit des Autos – dieser Eindruck wird durch die geschwärzten Flächen im unteren Karosseriebereich noch verstärkt. Die sehr hohe Ladekante, über der sich die von Gasdruckdämpfern gehaltene Hecktür (mit Heckscheibenwischer) öffnen läßt, wurde beim Modell MR 88 verändert. Durch die Verwendung von über 70 kg Kunststoff (125p: 30 kg) und glattflächigerer Karosseriebleche ist der Polonez fertigungsgünstiger als der 125 p

Zu den Verbesserungen zählen der Nockenwellenantrieb durch einen leiseren und langlebigeren Zahnriemen, die neue Ventilsteuerung (wie Fiat 131), die Geräuschdämpfung auch mittels des thermostatgeschalteten Kühllüfters sowie Veränderungen im Brennraum, die gleichermaßen Kraftstoffverbrauch und Schadstoffausstoß reduzieren. Der 2. und der 3. Gang sind kürzer übersetzt, wahlweise ist ein Fünfganggetriebe im Angebot. Der ECE-gerechte Doppelvergaser verfügt über zwei mechanisch gesteuerte Drosselklappenstufen, ein Vorteil gegenüber der bislang unterdruckgesteuerten 2. Drosselklappe beim 125 p. Für gediegeneren Komfort sorgen die leicht zu bedienende Tellerfederkupplung, das höhenverstellbare Lenkrad, die umklappbare Rückenlehne und die hinten straffer abgestimmten Teleskopstoßdämpfer.

34

Dabei konnte man auf zahlreiche Teile des 125p zurückgreifen. Für Anfang der 80er Jahre war ursprünglich vorgesehen, den Polonez (der Name entstand im Rahmen eines landesweiten Preisausschreibens) mit 1,6-, 1,8- und 2,0-l-OHC-Motoren auszurüsten. Gedacht war auch an ein zweitüriges Coupé. Eine dreitürige Kombilimousine namens Polonez 1500 X Special wurde 1980 und 1982 in Poznań präsentiert. Alle diese Projekte gingen jedoch nie in die Serienproduktion. Eine Kleinserie des Dreitürers ist über den britischen Importeur vertrieben worden.

Begonnen hatte die Polonez-Fertigung am 3. Mai 1978 parallel zum 125p. Länger, breiter, niedriger und 120 kg schwerer, kostete das neue Auto rund ein Fünftel mehr als der 125p. Doch trotz hohen Binnenmarktbedarfs waren die Fertigungsanlagen nie voll ausgelastet: Der Polonez erreichte maximal ein Drittel des Gesamtproduktionsvolumens. Fast die Hälfte des Polonez-Ausstoßes ging in den Export, u. a. unter der Bezeichnung Polski 1500.

War die Vorderachse mit der des 125p identisch, hatte man die Hinterachse mit strafferen Teleskopstoßdämpfern versehen. Konstruktive Veränderungen am Motor wurden später auch für den 125p übernommen.
Mitte der 80er Jahre ging man bei FSO wieder ans Projekteschmieden. Der Polonez war Basis für ermutigende Versuche mit verschiedenen Dieselmotoren – so mit dem R4-Wirbelkammerdiesel 4 DX-2000 mit eigenentwickeltem Zylinderkopf (1995 cm^3, 46 kW bei 4400 U/min, abgeleitet vom 1995-cm^3-DOHC-Fiat-Motor), aus dem

PL

Bild S. 101
34 Wars.
Foto: Obst

35 Polski Fiat 127p.
Foto: Sammlung Obst
36 Polski Fiat 132p.
Foto: Dünnebier
37 Zastava 1100 P.
Foto: Dünnebier

Bild S. 104
38 Polski Fiat 126p 600.
Foto: Kittler

35

36

37

sich eine ganze neue Motorenfamilie ableiten läßt (Drei-, Vier- und Fünfzylinder-Diesel, eventuell mit ATL, sowie Drei- und Vierzylinder-Ottomotoren mit Hubräumen von 1,2, 1,5, 1,6 und 2,0 l). Ebenfalls von 1985 stammt ein Polonez mit Turbodieselmotor (1995 cm^3, 62 kW) sowie ein solcher FSO-Wagen mit japanischem Isuzu-Dieselmotor. Einige hundert Polonez wurden 1986 mit 1,6-l-Dieselmotoren von VW ausgerüstet.

Vergleiche mit anderen Mittelklassewagen hatten gezeigt, daß der Fertigungsaufwand für den Polonez wegen der zahlreichen Preßteile und Schweißstellen unvertretbar hoch ist. Seine Eigenmasse liegt um 300 kg über dem Durchschnitt, und der Kraftstoffverbrauch ist um rund ein Drittel zu hoch. Daraufhin wurde Ital Design mit einer Überarbeitung des Polonez beauftragt. Zwischenzeitlich nahm FSO selbst Änderungen vor, die sich in der Außengestaltung (hinten drittes Fenster, veränderter Kühlergrill) und beim Motor (seit 1987 1600er Modell) niederschlugen.

Neu im Programm war ab 1987 eine Pickup-Variante, von der im ersten Fertigungsjahr rund 1000 Einheiten entstanden. Das zweitürige Vorderteil stimmt mit der Polonez-Limousine überein, und hinten wurde die Ladefläche auf einen zusätzlichen Rahmen gelagert.

Dem Polonez soll ohnehin eine längere Produktionszeit als dem 125p beschieden sein. Doch ein Nachfolgemodell ist bereits in Sicht. Schon Ende der 70er Jahre entwickelten FSO und das Industrieinstitut für Motorisierung das Forschungsauto „Analog 1.2", ange-

PL

Montagefertigung aus Originalteilen

Typ	Karosserie	Motor Hubraum (cm³)	Höchstleistung (kW) bei Drehzahl (U/min)	Höchstgeschwindigkeit (km/h)	Länge × Breite × Höhe (mm)	Radstand (mm)	Leermasse (kg)
128 P 3	Coupé, dreitürig	R 4 1 116/1 290	48 b. 6 000/ 54 b. 6 000	150/160	3 810 × 1 560 × 1 310	2 225	850
130 p	Limousine, viertürig	V 6 3 235	121 b. 5 600	190	4 750 × 1 805 × 1 470	2 720	1 497
131 p	Limousine, viertürig	R 4 1 585	55 b. 5 200	160	4 240 × 1 630 × 1 400	2 490	985
132 p	Limousine, viertürig	R 4 1 585/ 1 995	72 b. 5 600/ 83 b. 5 400	165/175	4 390 × 1 640 × 1 435	2 555	1 100
Zastava 1 100 P	Kombilimousine, fünftürig	R 4 1 116	41 b. 6 000	135	3 836 × 1 590 × 1 372	2 449	835
127 p	Kombilimousine, dreitürig	R 4 903	33 b. 5 600	135	3 595 × 1 525 × 1 370	2 225	705

Montagefertigung des 127 bei FSM, alle anderen bei FSO. Für Zastava 1100 P Anteil polnischer Bauteile.

trieben von einem Fiat-Motor und im Karosseriedesign ähnlich dem Fiat Ritmo. In Weiterentwicklung dieser Studie entstanden Prototypen namens „Wars", die im Oktober 1986 in Poznań der Öffentlichkeit präsentiert wurden. Die auch formal äußerst gelungene, frontgetriebene Kombilimousine wurde von einem 1,3-l-Motor angetrieben. Vorgesehen waren weiterhin 1,1- und 1,6-l-Ottomotoren sowie ein 1,6-l-Dieselmotor. Eine Serienfertigung des Wars ist allerdings zugunsten einer erneuerten Fiat-Lizenz verworfen worden.

In relativ geringen Stückzahlen fertigte FSO Fiat-Modelle aus Originalteilen. Die Jahresproduktion für die italienischen Modelle lag in jedem Fall unter 1000 Einheiten. In etwas größerem Umfang wurden die Zastava 1100 P und 1100 P Mediteran montiert, als Kompensation für die in Jugoslawien zusammengebauten 125pz und die 126p-Lieferungen. Mit den verstärkten wirtschaftlichen Schwierigkeiten des Landes in den 80er Jahren ging die Montagefertigung auf ein Minimum zurück.

FSM – Fabryka Samochodów Małolitrazowych in Bielsko Biała

In der 1872 gegründeten Fabrik wurde von Anfang an mechanisches Gerät gefertigt. Das spätere Werk WSM fungierte als Zulieferer für die polnische Automobilindustrie. Hier entstanden u.a. Zweitaktmotoren für den stationären Betrieb und für die Feuerwehr: günstige Voraussetzungen für die im August 1971 erfolgte Produktionsübernahme des Syrena 105. Dafür war ab März 1970 das Werk umstrukturiert

PL

38

worden. Auf nunmehr 43 000 m² sollten 7500 Beschäftigte allein für den Syrena tätig sein.
Parallel dazu kam es im Oktober 1971 zum Vertragsabschluß über die Lizenzfertigung des Fiat 126 und die Kreditierung sowie den Neubau von Werkanlagen in Bielsko Biała und Tychy. Der Kleinwagen – als Nachfolger des erfolgreichen Fiat 500 – sollte gleichzeitig in Italien (Cassino und Mirafiori) und in Polen entstehen. Hier wurde eine Jahreskapazität von 150 000 Einheiten angesetzt.

Der Stammbetrieb der nunmehrigen Firma FSM in Bielsko Biała sollte in erster Linie als Ausbildungsbetrieb und – vorerst – für die Endmontage dienen. Übrigens lieferte FSM noch vor Anlauf der 126p-Serienproduktion Motoren und Getriebe an Fiat. Im Rahmen eines Einweisungsprogramms wurden im Juni 1973 die ersten 126er aus Importteilen montiert. Nach und nach übernahmen die 13 Betriebsteile von FSM mit ihren insgesamt 18 000 Beschäftigten die Eigenfertigung aller Baugruppen und Bauteile. Zur gleichen Zeit wurde bei FSM in kleiner Zahl auch der Fiat 127 montiert (1974 3 000 Einheiten).
Mit steigenden Stückzahlen des 126p wuchs auch das FSM-Kombinat. Mitte der 70er Jahre verfügte es über 25 000 Beschäftigte. Zu den Zulieferern waren neue hinzugekommen (z. B. die Gießerei in Skoczow und die Schmiede in Ustron). Schlösser, Beschläge und Teile der elektrischen Ausrüstung kamen aus Sosnowiec, einem Betrieb, der auch FSO und das sowjetische

PL

39 *Fiat 126 BIS.*
Foto: Obst

Typ: Fiat 126 BIS

Karosserie

Form/Aufbau:	Limousine/selbsttragend
Türen/Sitzplätze:	2/4
Motor	
Typ:	2-Zylinder-Reihen-Vergasermotor
Lage/Kühlung:	Heckmotor liegend/ flüssigkeitsgekühlt
Nockenwelle und Ventile:	OHV
Bohrung/Hub (mm):	80/70
Hubraum (cm³):	703
Verdichtung:	8,6 : 1
Leistung (kW):	18,5 bei 4500 U/min
Max. Drehmoment (Nm):	47 bei 2000 U/min
Kraftstoffaufbereitung:	Doppelregistervergaser
Kraftübertragung	
Antriebsart:	Heckantrieb
Kupplung:	Einscheiben Trocken (mech. betät.)
Getriebe:	4-Gang, Knüppelschaltung
Fahrwerk	
Vorderradführung:	Einzelradaufh. an Dreiecklenkern und Querblattfeder, Teleskopstoßd.
Hinterradführung:	Einzelradaufh. an Schräglenkern, Schraubenfedern mit innenliegenden Teleskopstoßd.
Bremse:	Trommelbremse v/h (Zweikreis)
Lenkung:	Zahnstange
Reifen/Felgen:	135/70 R 13 68S/4J × 13
Elektrik	
Batterie:	12 V 34 Ah
Lichtmaschine:	33 A

Massen, Maße, Fahrleistungen

Leermasse (kg):	645
Gesamtmasse (kg):	990
Länge × Breite × Höhe (mm):	3107 × 1377 × 1345
Radstand (mm):	1840
Spurweite v/h (mm):	1134/1169
Bodenfreiheit (mm):	130
Wendekreisdurchmesser (m):	8,6
Kofferraumvolumen (dm³):	vorn 55, hinten 110 (bei umgelegter Rücksitzbank 500)
Tankinhalt (l):	21
Höchstgeschwindigkeit (km/h):	116
Beschleunigung 0–100 km/h (s):	33
Kraftstoffverbrauch (l/100 km):	6,5 (Drittelmix)

PL

40

41

42

43

Kombinat VAZ beliefert. 1975 lief die 126p-Produktion auch in Tychy an (u. a. Karosseriebearbeitung, Lackiererei, Polsterei), wo ursprünglich die Endmontage vorgesehen war.

Bei FSM beließ man es nicht bei der Urfassung des „Bambinos". Schon 1974 waren in Poznań Prototypen mit Lieferwagenaufbau (Nutzmasse 150 kg) gezeigt worden. Ende 1975 wurden die ersten stilistischen Änderungen serienwirksam. 1976 erfuhr der 126p eine Modernisierung, die vor allem die Hubraumvergrößerung auf 650 cm³ und die Verlängerung des Radstands um 120 mm betraf. Neben dem Standardmodell entstanden für den Export eine Variante mit neugestaltetem Zylinderkopf, geänderter Luftführung, Schalldämpfung und Innenausstattung sowie ab 1977 die Version „Personal" mit Schiebedach, größeren Stoßstangen und wahlweise mit provisorischer hinterer Sitzbank (Vergrößerung des Gepäckraums). Gleichzeitig wurden für den Binnenmarkt die Varianten 126p Special (S), 126p Komfort (K) und ab 1977 126p I (für Körperbehinderte) angeboten.

Die Jahre von 1976 bis 1978 markierten die Blütezeit des kleinen Polski-Fiats. 1977 hatte die Produktion 160 000 komplette PKW und 110 000 Hecktriebsatz-Einheiten (Export-Kompensationslieferung) erreicht. Über zwei Drittel aller 126er Fiats wurden inzwischen von in Polen gefertigten Motoren angetrieben! 1978 konnte der Jahresausstoß auf 200 000 126p gesteigert werden. Im Jahr darauf endete die Produktion des kleinen Fiats in Italien. Von nun an wurde dieses Modell nur noch in Polen gefertigt.

PL

44

40 Syrena 105 B.
Foto: Kittler
41 Polski Fiat 126p Kombi
Foto: Obst
42 Polski Fiat 126p 650 E.
Foto: Kittler
43 Polski Fiat 126p mit Frontantrieb.
Foto: Obst
44 Polski Fiat 126p Lieferwagen.
Foto: Obst

Anfangs nur für den Export, dann auch für den Binnenmarkt, wurde ab 1982 das entschieden verbesserte Modell „Face lifting" (FL) produziert. Durch Änderung am Ansauggeräuschdämpfer, Vergaser und Auspuff sank der Kraftstoffverbrauch um 7 Prozent. Später wurden am 126p 650 E FL auch Zylinderkopf, Verdichtungsverhältnis, Nockenwellensteuerpunkte, Zündverteilerkennlinie und Nockenhub verändert. Gegenüber der Standardausführung brachte dies eine Kraftstoffersparnis von insgesamt 12 Prozent. ECE-gerecht waren die Karosserieänderungen im Interesse der Unfallsicherheit und der günstigeren Fertigung (größere, seitlich vorgezogene Front- und Heckstoßstangen, vergrößerte vordere Kotflügel, Seitenstoßleisten, neue hintere Windläufe, größere Außenspiegel, Rückfahrscheinwerfer und Nebelschlußleuchte unter der Stoßstange, geschwärzte Metallteile). Geändert wurden auch die Lüftung, das Armaturenbrett sowie der Anlasser.

45

Bis 1984 war neben dem 126p auch der Syrena im FSM-Programm, von dem jährlich immer noch einige zehntausend Einheiten entstanden. Seit 1976 wurde der Syrena Bosto (Syrena 150 B), ein Kastenwagen mit hinteren Fenstern, gefertigt, der sich großer Nachfrage erfreute.

1986, als insgesamt 1,7 Millionen 126p die polnischen Fließbänder verlassen hatten, ging es an die Überschreitung der 200 000er Jahresfertigungsgrenze. Fast 50 Prozent der kleinen Fiats wurden exportiert. FSM mit inzwischen 18 Kombinatsbetrieben und insgesamt 28 000 Beschäftigten, präsentierte weitere technische Verbesserungen und zukunftsträchtige Prototypen. So wurden 1987 ein verlängerter 126p-Kombi, ein frontgetriebenes Coupé mit Heckklappe sowie ein Standardmodell mit flüssigkeitsgekühltem, italienischen 800-cm³-Dieselmotor gezeigt. Schon 1985 wurden Versuche mit einem von FSM und der TH Łodz entwickelten luftgekühlten Dieselmotor AB.OC.O R-2 (652 cm³) bekannt, der unmittelbar vom 126p-Ottomotor abgeleitet worden war. Tests gab es auch mit japanischen Klein-Dieselmotoren.

1987 im laufenden Serienprogramm waren die Typen 126p E Standard und 126p FL Standard, im Herbst begann die Fertigung des 126 BIS (ursprünglich als 126p Restyling vorgestellt). Der 126 BIS soll den Bogen bis in die 90er Jahre schlagen. Der liegende Zweizylindermotor mit vergrößertem Hubraum (703 cm³) ist nun wassergekühlt. Über ihm ist Platz für einen zweiten Gepäckraum, der über eine Heckklappe erreicht werden kann. Zur Verbesserung der Fahreigenschaften wurden 13"-Räder und eine Zahnstangenlenkung eingeführt. Neu sind auch Aus-

PL

46

47

45 Polski Fiat 126 NP, Prototyp mit Frontmotor.
Foto: Zielinski
46 Topolino-Projektstudie.
Foto: Archiv Kittler
47 Beskid 106.
Foto: Zielinski

puff, Vergaser, Zündverteiler. Die Stoßdämpfer wurden neu angepaßt, und die innere und äußere Gestaltung entsprechen jetzt voll den ECE-Empfehlungen. Gedanken zu einem Nachfolger des 126p gibt es seit langem. 1981 war ein dem Fiat Panda ähnliches Modell im Gespräch, dann vollzog sich eine Orientierung hin zu einem Kleinwagen, der möglicherweise den legendären Namen „Topolino“ (Mäuschen) tragen wird.

Parallel dazu betrieb FSM seit 1983 Vorstudien zu einem eigenentwickelten Kleinwagen. Es entstanden Projekte und Prototypen der keilförmigen Modelle Beskid 106, 107 und 108. Die aerodynamisch günstig geformten dreitürigen Vollheckautos sollen ebenfalls über Zweizylindermotoren (652 cm^3) verfügen, deren Höchstleistung 23 kW bei 5000 U/min beträgt. Ein c_w-Wert von nur 0,29 und eine Eigenmasse von 630 kg (Gesamtmasse 1050 kg) verhelfen zu einem Kraftstoff-Stadtverbrauch von nur 4,2 l/100 km und ermöglichen eine Beschleunigungszeit von 19 Sekunden vom Stand auf 100 km/h. Die Außenmaße wurden mit 3235 × 1530 × 1360 mm angegeben. Vorerst deutet nichts darauf hin, daß dieses Auto das Prototypen-Stadium überschreiten wird.

Im September 1987 wurde stattdessen ein 15-Jahresvertrag mit Italien abgeschlossen (Auftragsvolumen fast 1 Milliarde DM), der für Anfang der 90er Jahre den Produktionsbeginn eines dreitürigen 126p-Nachfolgers bei FSM vorsieht.

1

2

3

1 Pkw des Aurel Persu.
Foto: Archiv Dünnebier
2 Dacia 1100.
Foto: Dünnebier
3 Dacia 1310.
Foto: Kittler
4 Dacia 1310 (Ausführung für den rumänischen Markt).
Foto: Dünnebier
5 Dacia 1310 Break.
Foto: Kittler

Rumänien

RO

Ebenso wie in den anderen Ländern Südosteuropas gab es hier bis zum zweiten Weltkrieg keine eigene Kraftfahrzeugindustrie. Die wirtschaftliche Struktur des Landes war auf die Agrarindustrie ausgerichtet.

Rumänische Erfinder machten sich jedoch im Ausland einen Namen: Im Jahre 1880 konstruierte Dumitru Vlasescu in Paris einen Dampfwagen, dessen Arbeitszylinder direkt auf die Hinterachse wirkten. Aurel Persu entwickelte 1923 einen stromlinienförmigen Personenkraftwagen, für den er ein Jahr später in Deutschland das Patent Nr. 402683 für „ein Automobil mit aerodynamischer Form und den vier Rädern im Inneren dieser Form" erhielt. 1926 stellte der Rumäne George Constantinescu in Paris ein Automobil mit stufenloser Kraftübertragung vor, und 1930 bekam Traian Vuia ein Patent für ein Fahrzeug mit Dampfgeneratorenantrieb, das in Brüssel in Betrieb gewesen sein soll.

Die rumänischen Erfinder verwirklichten ihre Ideen in anderen Ländern, da in Rumänien keinerlei technische Voraussetzungen zur praktischen Anwendung gegeben waren.

4

5

Der einzige bekannte Versuch einer Kraftfahrzeugfertigung geht ins Jahr 1910 zurück. In Arad montierte eine kleine Firma Fahrzeuge der Marken Matra und Austro-Daimler. Aufgrund finanzieller Schwierigkeiten fusionierte das Unternehmen nach kurzer Zeit mit der Waggonfabrik Astra und gab die Montagefertigung auf.
Mit dem sozialistischen Aufbau der Wirtschaft Rumäniens nach dem zweiten Weltkrieg, der Einführung der Planwirtschaft und der Kollektivierung der Landwirtschaft waren vielfältige Transportaufgaben verbunden. Anfang der 50er Jahre entstand deshalb mit sowjetischer Unterstützung eine eigene Fertigung von Geländewagen und Lkw. Erst Mitte der 60er Jahre wurde – ähnlich wie in Bulgarien – mit der Schaffung eigener Kapazitäten im PKW-Bau begonnen. Auch hier stützte man sich auf Lizenzen namhafter Hersteller, um kurzfristig moderne technologische Lösungen und Produkte zur Verfügung zu haben. Ungeachtet aller Anfangsschwierigkeiten und manch späterer Probleme hinsichtlich der Qualitätssicherung und dem Einsatz von Arbeitskräften aus artfremden Bereichen ist Rumänien heute ein ernstzunehmendes automobilproduzierendes Land.

RO

6

Mitte der 80er Jahre wurden jährlich rund 100 000 Pkw hergestellt, das Ziel der derzeitigen Produktionserweiterungen liegt bei mehr als 160 000 Einheiten allein bei Dacia. Gleichzeitig wuchs seit dem Beginn der Pkw-Fertigung im Jahre 1968 kontinuierlich der Eigenanteil der Baugruppen und Einzelteile. Von einer rumänischen Pkw-Produktion zu sprechen ist umso mehr berechtigt, da neben den ursprünglichen Lizenzprodukten auch eigene Fahrzeuge und Modifikationen entwikkelt wurden.

Als wissenschaftlich-technische Potentiale stehen u. a. das Nationalinstitut für Verbrennungsmotoren Bukarest und das Institut für wissenschaftliche Entwicklung und Technologie für Personenkraftwagen Pitešti zur Verfügung.

Werk für Personenkraftwagen Pitešti

Der Betrieb wurde 1952 in Colibasi, einem Vorort von Pitešti, als Fabrik für Baugruppen und Einzelteile von Nutzkraftfahrzeugen neu errichtet. Die Zulieferungen galten vor allem dem Lkw-Werk in Brašov. Nach der Modernisierung des Werkes wurde 1967 der Grundstein für die Erweiterungsbauten zum Automobilwerk Pitešti gelegt. Bereits in dieser ersten Phase des Aufbaus von Pkw-Fertigungsanlagen nutzte man die Unterstützung von Spezialisten

7

8

6 Dacia 1304 Pickup.
Foto: Archiv Dünnebier
7 Die 1310er Typenfamilie: Limousine, Kombi und Pickup.
Foto: Archiv Dünnebier
8 Dacia-Sport-Prototyp von 1982.
Foto: Dünnebier

Bild S. 114
9 In Kleinserie gefertigtes Coupé Dacia Sport.
Foto: Archiv Huhle

der französischen Renault-Werke. Am 20. August 1968 lief der erste Pkw vom Typ Dacia 1100 vom Band. Alle Baugruppen und Einzelteile dieser Montageausführung des R 8 stammten in der Anfangszeit aus Importlieferungen. In Pitešti wurden die angelieferten tiefgezogenen Karosseriebleche zusammengefügt und lackiert. Anschließend erfolgte die Komplettierung und die Endmontage mit den Originalbaugruppen. Im ersten Produktionsjahr entstanden so 2030 Einheiten. Seit 1969 kamen zunehmend rumänische Zulieferteile wie Bereifung, Kühler, Thermostate, Verbindungselemente und Scheiben zum Einsatz. Die mechanischen Baugruppen und tiefgezogenen Karosserieblechteile wurden weiterhin importiert. Insgesamt liefen bis 1970 26 527 Dacia 1100 vom Band.

1969 begann die Montage des Dacia 1300 – nur kurz nachdem in Frankreich die Fertigung des Originaltyps Renault R 12 anlief. Im Jahre 1971 wurden fast 900 Einheiten des Typs Dacia exportiert. 1970/1971 neu im Programm waren die Varianten Break und Sanitara. Auch diese Kombifahrzeuge stimmten mit den französischen Vorbildern überein. Ab 1972 wurde die Fertigung der mechanischen Hauptbaugruppen Motor, Vorder- und Hinterachsen, Schaltgetriebe und Lenkung in Pitešti integriert. Gleiches galt für die Produktion der Schaltgetriebe für den

9

Renault-Transporter Estafette. Damit wurden die Lizenzaufwendungen zumindest teilweise kompensiert. Zur Ausrüstung des neuen Karosseriewerks gehörten Preßwerkzeuge aus der DDR. Die erste vom französischen Originaltyp abweichende Dacia-Variante wurde 1976 mit dem Typ 1302 Pickup vorgestellt. Dabei handelte es sich um einen zweisitzigen Lieferwagen mit Ladeplattform (wahlweise mit Planenverdeck) und einer Nutzmasse von 500 kg. Bei den Limousinen wurden neben der Standardausführung die Versionen 1300 L, LS und 1301 gefertigt. Hier wurde unter Beibehaltung technischer Parameter die Grundausstattung verbessert.
Mit Ablauf des für zehn Jahre gültigen Lizenzabkommens im Jahre 1979 erhielt das Automobilwerk in Pitešti die Möglichkeit zu technischen Änderungen und Weiterentwicklungen in eigener Regie. Der im gleichen Jahre erstmals vorgestellte Dacia 1310 verfügte bei unveränderter technischer Grundkonzeption über von innen verstellbare Doppelscheinwerfer-Einheiten, vergrößerte Heckleuchten, ein neugestaltetes Armaturenbrett, serienmäßig beheizte Heckscheibe, Zweikreisbremsanlage, einen thermostatgesteuerten Elektrolüfter und einen im Sinne der Kraftstoffeinsparung veränderten Vergaser. Im Jahre 1980 folgte die gleichermaßen weiterentwickelte Kombiausführung Dacia 1310 Break. 1983 erschien der 1304 Pickup, dessen Nutzmasse auf 1000 kg angehoben wurde und dessen hintere Starrachse, an Längsblattfedern aufgehängt, angetrieben wird.

10 Dacia 1310 TX.
Foto: Dünnebier

Typ: Dacia 1310 TX

Karosserie	
Form/Aufbau:	Limousine/selbsttragend
Türen/Sitzplätze:	4/5
Motor	
Typ:	4-Zylinder-Reihen-Vergasermotor
Lage/Kühlung:	Frontmotor längs/flüssigkeitsgekühlt
Nockenwelle und Ventile:	OHV
Bohrung/Hub (mm):	73,0/ 77,0
Hubraum (cm^3):	1289
Verdichtung:	8,5 : 1
Leistung (kW):	40 bei 5 200 U/min
Max. Drehmoment (Nm):	92 bei 3 000 U/min
Kraftstoffaufbereitung:	Fallstromvergaser
Kraftübertragung	
Antriebsart:	Frontantrieb
Kupplung:	Einscheiben Trocken
Getriebe:	4- bzw. 5-Gang (Vollsynchron), Knüppelschalt.
Fahrwerk	
Vorderradführung:	Einzelradaufh. an Doppelquerl., Schraubenfed., Teleskopstoßd., Querstab.
Hinterradführung:	Starrachse an Längsl., Schraubenfed., Teleskopstoßd., Querstab.
Bremse:	Scheibenbremse v/ Trommelbremse h mit Servo (Zweikreis)
Lenkung:	Zahnstange
Reifen/ Felgen:	115 R 13/4½ B ×13
Elektrik	
Batterie:	12 V 45 Ah
Wechselstromlichtmaschine:	35 A

Massen, Maße, Fahrleistungen

Leermasse (kg):	960
Gesamtmasse (kg):	1 360
Länge × Breite × Höhe (mm):	4 348 × 1 535 × 1 636
Radstand (mm):	2 441
Spurweite v/ h (mm):	1 312/1 322
Bodenfreiheit (mm):	170
Wendekreisdurchmesser (m):	10,8
Kofferraumvolumen (dm^3):	420
Tankinhalt (l):	47
Höchstgeschwindigkeit (km/h):	140
Beschleunigung 0–100 km/h (s):	22
Kraftstoffverbrauch (l/100 km):	6,5/ 8,7 (80 km/h – Stadt [Werk])

Der Originaltyp R 12 wurde bereits vor Jahren aus dem Programm von Renault gestrichen. Demgegenüber konnte das Lizenzmodell Dacia 1300/1310 besonders nach Ablauf des Lizenzvertrags im Jahre 1979 unter eigener Regie technisch und optisch weiterentwickelt werden. Hinsichtlich Platzangebot, Fahrkomfort und Wirtschaftlichkeit ist der Dacia 1310 TX auch im internationalen Vergleich durchaus konkurrenzfähig. Der Frontantrieb sichert ohnehin problemlose Traktionseigenschaften. Durch die Anordnung des Triebwerks (Motor stehend vor und Getriebe liegend hinter der Vorderachse) und den Ansauggeräuschdämpfer wurde eine beispielhafte Laufruhe erreicht. Selbstnachstellende Scheibenbremsen vorn, der robuste, drehzahlfeste Motor und die gute Zugänglichkeit unter der Motorhaube sprechen für die Konzeption dieses Autos. Ein Tribut an den Zeitgeschmack war die verstärkte Verwendung von Kunststoffen, die sich äußerlich u.a. durch den modischen Heckspoiler und das gewöhnungsbedürftige Soft-Face manifestiert. Bedenklich war allerdings die teilweise lieblose Verarbeitung der Fahrzeuge, die zu zahlreichen Kritiken in der internationalen Fachpresse führte und den guten Ruf des ansonsten gelungenen Fahrzeugs schmälerte. Ende 1988 wurde die Schrägheckvariante 1320 vorgestellt, von der bereits seit 1984 Prototypen existierten.

Dacia-Produktion von 1968 bis 1984

Jahr	1100	1300	1302 Pickup	1310	1410	Gesamt
1968	2030	–	–	–	–	2030
1969	12375	293	–	–	–	12668
1970	12177	4128	–	–	–	16305
1975	–	54284	3000	–	–	57284
1980	–	78474	341	847	–	79662
1983	–	44981	3000	33859	60	81900
1984	–	3521	3000	95000	211	101732

11

12

11 Prototyp Dacia 500
Foto: Dünnebier
12 Der gleiche Prototyp von hinten.
Foto: Dünnebier

Seit 1983 gibt es wahlweise neben der 1300-cm^3-Variante auch Motoren mit 1200 und 1400 cm^3 Hubraum. Erreicht wurde diese Abstufung durch differenzierte Zylinderbohrungen bei ansonsten unverändertem Triebwerk. Serienwirksam wurde neben dem vierstufigen Schaltgetriebe auch eine Variante mit fünf Gängen.

Zwei Jahre vor der offiziellen Vorstellung im Jahre 1984 erfolgten Straßentests der ersten zweitürigen Coupé-Prototypen. Bisher entstanden jährlich lediglich etwa 1000 Einheiten des Dacia-Sport, der übrigens auch als Typ Brašovia bezeichnet wird.

Weitere technische Verbesserungen und äußere Retuschen führten 1984/1985 zu den Ausführungen MLS, TX und TLX, die besonders durch die veränderte Frontgestaltung mit geschwärztem Plastgrill und integrierten Doppelscheinwerfern auffallen. Wesentliche sicherheitstechnische Neuerung war der Einsatz eines Unterdruck-Bremskraftverstärkers. Perspektiven der Dacia-Entwicklung schließen den Einsatz einer veränderten kompakteren Karosserie mit 4 m – statt bisher 4,35 m – Außenlänge ein. Beibehalten werden sollen die bisherigen mechanischen Hauptbaugruppen und die Innenraumausstattung. Ein Prototyp mit Fließheck wurde bereits 1984 im Werk präsentiert, die Serienfertigung sollte ursprünglich 1987 beginnen. Weiterentwicklungen auf dem Triebwerksektor umfassen eine OHC-Motorenbaureihe mit gestaf-

RO

13 *Dacia 500 Lastun.*
Foto: Werkbild

Typ: Dacia 500 Lastun (unvollständige Angaben)

Karosserie	
Form/Aufbau:	Kombilimousine/ selbsttragend
Türen/Sitzplätze:	3/4
Motor	
Typ:	2-Zylinder-Reihen-Vergasermotor
Lage/Kühlung:	Frontmotor quer/ luftgekühlt
Nockenwelle und Ventile:	OHC
Hubraum (cm^3):	499
Leistung (kW):	17 bei 5500 U/min
Max. Drehmoment (Nm):	34 bei 3500 U/min
Kraftstoffaufbereitung:	Fallstromvergaser
Kraftübertragung	
Antriebsart:	Frontantrieb
Kupplung:	Einscheiben Trocken
Getriebe:	4-Gang (Vollsynchron), Knüppelschalt.
Fahrwerk	
Vorderradführung:	Einzelradaufh.
Hinterradführung:	Einzelradaufh.
Massen, Maße, Fahrleistungen	
Leermasse (kg):	525
Gesamtmasse (kg):	835
Länge × Breite × Höhe (mm):	2950 × 1410 × 1340
Radstand (mm):	1915
Spurweite v/ h (mm):	1200/1200
Höchstgeschwindigkeit (km/h):	106
Kraftstoffverbrauch (l/100 km):	3,3/ 3,8/ 4,5 (50–70 km/ h – Stadt [Werk])

Entwicklungsträger des Dacia 500 Lastun war das Pkw-Werk in Piteşti, unterstützt von den einschlägigen wissenschaftlichen Instituten des Landes. So verwundert es nicht, daß zur Durchsetzung eines hohen Standardisierungsgrads Einzelteile und Baugruppen von Dacia, ARO und Oltcit genutzt werden. Der nach aktuellen Designmaßstäben gestaltete Kleinwagen mit keilförmiger Frontpartie und steil abfallendem Heckabschluß ist mit Karosserieteilen aus glasfaserverstärktem Polyester beplankt. Auch dies wirkt sich positiv auf die geringe Eigenmasse des Fahrzeugs aus.

RO

14

15

14 Serienausführung des Dacia 500. Foto: Archiv Kittler
15 Citroën Axel. Foto: Kittler

felten Hubräumen sowie einen Vorkammer-Dieselmotor mit 38 kW Höchstleistung.
Unter den Markenbezeichnungen Dacia 18 und Dacia 2000 wurden Anfang der 80er Jahre in geringen Stückzahlen die Renault-Modelle R 18 und R 20 aus Originalteilen montiert. Eine ursprünglich vorgesehene Großserienfertigung des R 18 wurde zugunsten der Eigenentwicklungen zurückgestellt.

Werk für Personenkraftwagen Timisoara

Die ersten Entwürfe eines in Rumänien eigenentwickelten Kleinstwagens stammen aus dem Jahre 1980. Zwei Jahre später wurden Prototypen einem Testprogramm unterzogen. 1986 wurde schließlich die voraussichtliche Serienausführung dieses Fahrzeugs unter der Bezeichnung Dacia 500 Lastun vorgestellt.
In Timisoara war das Werk UMT (Uzina Mecanica Timisoara) zur Herstellung dieses – offensichtlich zur Breitenmotorisierung gedachten – Pkw umgestaltet worden. Mit dem Beginn der Serienproduktion war Ende der 80er Jahre zu rechnen. Grundprämissen der Fahrzeugkonzeption sind niedriger Herstellungsaufwand (auch durch die Verwendung von Bauteilen anderer rumänischer Hersteller), Verzicht auf Lizenzübernahmen sowie besonderes Augenmerk auf Sicherheit und Komfort der Fahrgäste.

RO

16 Oltcit Club.
Foto: Dünnebier

Typ: Oltcit Club

Karosserie

Form/Aufbau:	Kombilimousine/ selbsttragend
Türen/Sitzplätze	3/5
Motor	
Typ:	4-Zylinder-V-Vergasermotor G 11/ 631
Lage/Kühlung:	Frontmotor quer/ luftgekühlt
Nockenwelle und Ventile:	DOHC
Bohrung/Hub (mm):	74,0/ 65,6
Hubraum (cm³):	1 129
Verdichtung:	9,0 : 1
Leistung (kW):	42 bei 6 250 U/min
Max. Drehmoment (Nm):	79 bei 3 500 U/min
Kraftstoffaufbereitung:	Fallstromvergaser
Kraftübertragung	
Antriebsart:	Frontantrieb
Kupplung:	Einscheiben Trocken
Getriebe:	4-Gang (Vollsynchron), Knüppelschalt.
Fahrwerk	
Vorderradführung:	Einzelradaufh. an Querl., Torsionsfed., Teleskopstoßd.
Hinterradführung:	Einzelradaufh., Torsionsfed., Teleskopstoßd.
Bremse:	Scheibenbremse v, h (Zweikreis)
Lenkung:	Zahnstange
Reifen/Felgen	145 R 13/4J × 13
Elektrik	
Batterie:	12 V 45 Ah
Wechselstromlichtmaschine:	40 A

Massen, Maße, Fahrleistungen

Leermasse (kg):	875
Gesamtmasse (kg):	1 275
Länge × Breite × Höhe (mm):	3 732 × 1 538 × 1 430
Radstand (mm):	2 370
Spurweite v/ h (mm):	1 326/ 1 240
Bodenfreiheit (mm):	135
Wendekreisdurchmesser (m):	9,8
Kofferraumvolumen (dm³):	300(620)
Tankinhalt (l):	42
Höchstgeschwindigkeit (km/h):	150
Beschleunigung 0–100 km/h (s):	18
Kraftstoffverbrauch (l/100 km):	6,5/8,3 (90 km/h – Stadt [ECE])

Im Unterschied zum französischen Citroën Visa, an dem er sich kontruktiv orientiert, wurde der Oltcit nur zweitürig ausgelegt. Begründet wurde dies mit der Erhöhung der Festigkeit und Verwindungssteife des Fahrzeugs. Bei umgeklappter Rücksitzbank steht ein Kofferraumvolumen von 620 dm³ zu Verfügung. Ebenfalls abweichend vom Visa sind die vergrößerte Bodenfreiheit und die raumsparende Hinterachse. Äußerlich unterscheiden sich die Axel- von den Oltcit-Varianten u.a. durch umlaufende Plaststoßflächen.

RO

17

Gemischtstaatliche Gesellschaft Oltcit S. A. Craiova

Oltcit ist eine rumänisch-französische Gesellschaft zur Herstellung von Personenkraftwagen. Teilhaber sind auf rumänischer Seite die Industriezentrale für Fahrzeugbau und das Außenhandelsunternehmen Auto-Dacia mit 64 Prozent der Kapitalanteile sowie die französische Firma Citroën mit 36 Prozent. Juristisch gesehen handelt es sich um eine Aktiengesellschaft, deren Leitungsorgane die Generalversammlung der Teilhaber und der Verwaltungsrat sind. Als Exekutivorgan fungiert das Direktorat der Gesellschaft.
Der Firmenname ergab sich aus der Zusammenziehung des Flußnamens Olt mit den ersten drei Buchstaben der Firmenbezeichnung Citroën. Die Firmengründung erfolgte am 27. Dezember 1976, die praktische Tätigkeit wurde im März 1977 aufgenommen. Als Produktionsbasis wurde mit französischer Unterstützung in der südrumänischen Stadt Craiova ein völlig neues Werk errichtet. Es besteht aus einer Karosseriefabrik, einem Werk für Motoren und mechanische Getriebe sowie einer Montagefabrik. Darüberhinaus wurden Lagerkomplexe für die aus Frankreich und Rumänien zugelieferten Fahrzeugteile und ein achtgeschossiges Verwaltungsgebäude geschaffen.
Die Kooperation mit Citroën bezieht sich neben der Fertigung auch auf den Fahrzeugabsatz. Rumänische Handelsfirmen übernehmen die Lieferungen ins Inland und in die sozialistischen Staaten, während der Firma Citroën der Vertrieb in Frankreich, Westeuropa und in den außereuropäischen Ländern obliegt. In letzterem Fall werden die in

18

Rumänien gefertigten Pkw unter dem Citroën-Firmenzeichen angeboten und kundendienstmäßig betreut.
Die erste Vorstellung des Oltcit erfolgte im Oktober 1981. Konstruktiv lehnt sich das Fahrzeug am Citroën-Modell Visa an, wurde aber für die härteren Einsatzbedingungen in Rumänien modifiziert. Gefertigt werden die zwei Varianten „Special" (mit V-2-Motor) und „Club" (mit R-4-Motor), wobei der Schwerpunkt offensichtlich auf der leistungsstärkeren Ausführung liegt.
Die unter französischer Regie vertriebenen Fahrzeuge werden als Citroën Axel bezeichnet. Ergänzend zur 26- und 41-kW-Variante kommt im Axel 12 TRS ein auf 45 kW leistungsgesteigerter Motor zum Einsatz. Erste Planungen bei Oltcit gingen von einer Fertigungskapazität von 300 000 Pkw pro Jahr aus, später korrigierte man auf etwa 130 000 Fahrzeuge. Unter dem Einfluß der durch das Pkw-Überangebot in Westeuropa eingeschränkten Exportchancen und unter Berücksichtigung volkswirtschaftlicher Möglichkeiten im Herstellerland lagen die Kapazitäten in der Mitte der 80er Jahre bei etwa 50 000 Einheiten.

17 Oltcit Club.
Foto: Archiv Dünnebier
18 ARO 10.8.
Foto: Dünnebier

Bild S. 122
19 Die ARO-Typenfamilie.
Foto: Archiv Dünnebier

19

Wie aus rumänischen Quellen verlautete, befindet sind inzwischen ein neues 1,3-l-Modell in Vorbereitung. Obgleich keine Lizenzvariante von Citroën, soll wiederum mit der französischen Firma zusammengearbeitet werden.

Maschinenbetrieb Muscel in Cimpulung

Nach einer komplexen Umgestaltung des bereits 1886 gegründeten Maschinenbaubetriebes, begann 1957 die Fertigung des geländegängigen Pkw IMS 57 unter Nutzung von Lizenzen für den sowjetischen GAZ-69. Daraus entstanden bei ständiger Erhöhung des Anteils rumänischer Baugruppen die Geländewagen-Modelle M 59, M-461, M-473 und ARO 240.
Beginnend mit dem vierten Quartal des Jahres 1979 lief die Produktion des kleinen Gelände-Kombiwagen ARO 10 an, eines Fahrzeugs, das weit eher der Pkw-Kategorie zuzuordnen ist als der an nutzfahrzeugtechnischen Prämissen orientierte ARO 240.
Der Motor und weitere Bauteile des ARO 10 stammen aus der Dacia-Fertigung. Neben der Standardmotorisierung wurden für Exportzwecke auch Dieselmotorvarianten (u. a. von VW) gefertigt. Die Jahresproduktion in Cimpulung liegt bei etwa 16 000 Einheiten. Davon enfällt fast die Hälfte auf den ARO 10. Der Exportanteil liegt mit 80 Prozent sehr hoch.

RO

20 *ARO 10.4.*
Foto: Dünnebier

Typ: ARO 10.4

Karosserie

Form/Aufbau:	Kombi/selbsttragend
Türen/Sitzplätze:	2/5

Motor

Typ:	4-Zylinder-Reihen-Vergasermotor 102–02
Lage/ Kühlung:	Frontmotor längs/ flüssigkeitsgekühlt
Nockenwelle und Ventile:	OHV
Bohrung/Hub (mm):	76,0/77,0
Hubraum (cm^{3}[1]):	1 397
Verdichtung:	9,5 : 1
Leistung (kW):	46 bei 5 500 U/min
Max. Drehmoment (Nm):	100 bei 3 300 U/min
Kraftstoffaufbereitung:	Fallstromvergaser

Kraftübertragung

Antriebsart:	Heckantrieb (Vorderradantr. zuschaltbar)
Kupplung:	Einscheiben Trocken (hydraul. betät.)
Getriebe:	4-Gang (Vollsynchron) + zuschaltb. Zweistufen-Verteilergetr., Knüppelschalt.

Fahrwerk

Vorderradführung:	Einzelradaufh. an Querl., Schraubenfed., Teleskopstoßd.
Hinterradführung:	Einzelradaufh. an Längsl., Schraubenfed., Blattfed., Teleskopstoßd.
Bremse:	Scheibenbremse v,h mit Servo (Zweikreis)
Lenkung:	Schnecke u. Rolle
Reifen/Felgen:	175 R 14/5 J × 14

Elektrik

Batterie:	12 V 44 Ah
Wechselstromlichtmaschine:	50 A

Massen, Maße, Fahrleistungen

Leermasse (kg):	1 120
Gesamtmasse (kg):	1 550
Länge × Breite × Höhe (mm):	3 770 × 1 600 × 1 725
Radstand (mm):	2 400
Spurweite v/h (mm):	1 304/1 304
Bodenfreiheit (mm):	210
Wendekreisdurchmesser (m):	10,5
Tankinhalt (l):	46
Höchstgeschwindigkeit (km/h):	118
Kraftstoffverbrauch (l/100 km):	12,5 (Test)

Vom ARO 10, der in einigen Exportländern unter der Bezeichnung „Duster" angeboten wird, werden fünf Ausführungsvarianten gefertigt:

ARO 10.0 zweisitzig, mit Ladepritsche und Planenverdeck,
ARO 10.1 fünfsitzig, mit kleiner Ladepritsche (umklappbare Rücksitzbank) und Planenverdeck,
ARO 10.3 zweisitzig, mit Ladepritsche und Hardtop,
ARO 10.4 fünfsitzig, mit kleiner Ladepritsche und Hardtop,
ARO 10.8 zweisitzig, mit verlängerter Ladepritsche.

1

Sowjetunion

SU

Trotz der wirtschaftlichen Rückständigkeit des zaristischen Rußlands hatte es auf dem Automobilsektor sehenswerte Anfänge gegeben. Bis zum Beginn des ersten Weltkriegs zählte man über ein Dutzend Firmen, die sich mehr oder weniger erfolgreich an der Automobilproduktion versuchten.

Der nachweislich erste russische Motorwagen, der am 1. Juni 1896 auf der Industrie- und Kunstausstellung in Nišni Novgorod (heute Gorki) vorgestellt wurde, war eine Gemeinschaftproduktion zweier Petersburger Handwerksfirmen. Karosserie und Fahrwerk des zweisitzigen, vierrädrigen Wagens stammten von der Kutschenbau-AG Pjotr A. Frese, während die Erste russische Benzin- und Gasmotorenfabrik Evgeni A. Jakovlev Motor und Kraftübertragung zusteuerte. Während Jakovlev künftig dem Motorwagenbau den Rücken kehrte, fertigte Frese noch

1 Jakovlev & Frese von 1896.
Foto: Archiv Kittler
2 Romanov-Elektromobil von 1900.
Foto: Archiv Kittler
3 Russobalt S 24/ 58.
Foto: Archiv Kittler

Bild S. 126
4 Russobalt K 12/ 20.
Foto: Archiv Kittler

2

3

bis 1908 derartige Fahrzeuge in kleiner Serie – anfangs nur leichte Personenwagen, später auch Lastkraftwagen. Zum Einsatz kamen ausschließlich Motoren der französischen Firmen DeDion Bouton und Renault. Die Teilnahme von Frese-Wagen an Kriegsmanövern bei Kursk im Jahre 1902 belegt, daß die Petersburger Firma auch diese Möglichkeit einer späteren Gewinnabschöpfung ins Kalkül zog.
Offensichtlich erfolglos hatte die Firma um 1903 mit dem Bau von Elektrofahrzeugen experimentiert. Ähnlich erging es Ippolit V. Romanov, ebenfalls aus Petersburg, der bereits im Jahre 1900 offene und geschlossene „Selbstfahrer" vorstellte, die vorzugsweise für den Taxibetrieb gedacht waren. Ihre Besonderheit: lenkbare Hinterräder und zwei 9-kW-Elektromotoren, für jedes Antriebsrad einen.
Ein Jahr vor der Jahrhundertwende hatte die Rigaer Firma Leitner fünf Rossija-Dreiräder mit 1,3-PS-Motoren von DeDion Bouton gebaut. Zu Beginn des neuen Jahrhunderts, nachdem mit etwas leistungsstärkeren Leitner-Kleinwagen sogar eine Goldmedaille auf einer Ausstellung in Riga errungen werden konnte, stieg die Firma auf die Motorradproduktion um.
In kleiner Stückzahl fertigten die Petersburger Firmen Emil Lidtke (1901) und Skavronski (1903) Automobile. Die Firma Aksai in Rostov am Don konnte 1903 immerhin 20 Exemplare des in Lizenz gebauten Oldsmobile Curved Dash verkaufen. Alexander Basilevskis Experimente mit Motordreirädern im gleichen Jahre blieben dagegen von vornherein erfolglos.

4

Anders die Moskauer Fahrradwerke Dux, die zwischen 1904 und 1906 rund 200 Autos herstellten. Ein „Duxomobil" war übrigens 1907 das erste Moskauer Motortaxi.
Ebenfalls 1904 begann Pjotr Iljin in Moskau mit der Montagefertigung von Personenkraftwagen. Bekannt wurden vor allem seine Luxuswagen auf Fahrgestellen von LaBruire und Fiat. Das Karosseriewerk wurde nach der Oktoberrevolution verstaatlicht und zum Moskauer Kleinwagenwerk MZMA.
1905 lieferte die Petersburger Firma G. A. Lessner 13 Autos für das Hauptpostamt. Von den bei dieser Firma bis 1909 produzierten, rund 100 verschiedenen Fahrzeugen waren ein Großteil Personenkraftwagen.
Durch einen Fabrikbrand endete die Automobilproduktion bei der Petersburger Firma Pusyrev, die von 1911 bis 1914 Pkw-Modelle vorgestellt hatte.
Ebenfalls sehr schnell endeten Pläne von Juškov im Jahre 1915, mit dem nur 300 kg leichten Zweisitzer-Tandem Verkaufserfolge zu erzielen.
Sehr viel effizienter war dagegen die Russisch-Baltische Waggonfabrik in Riga (RBVZ). Zwischen 1909 und 1915 wurden dort vier Pkw-Modelle gefertigt: der Typ „K" mit 24-PS-Motor, der „E" mit einer Maximalleistung von 35 PS, der „S" mit 40-PS-Basismotor, von dem zahlreiche Sportvarianten abgeleitet wurden (darunter das erste russische Auto mit Stromlinienverkleidung und 58-PS-Motor von 1913) und schließlich ein 60 PS starker Luxuswagen. Russobalt-Fahrzeuge wurden nach der Oktoberrevolution in Petrograd weiterproduziert. 1922 wurde das Werk nach Moskau verlegt.
1916 war durch die Brüder Rjabušinksi die Moskauer Automobil-Gesellschaft

Auswahl russischer Automobile

Hersteller/Typ	Baujahr	Zylinderanzahl	Hubraum (cm³)	Leistung (PS) bei Drehzahl (U/min)	Höchstgeschw. (km/h)	Betriebsmasse (kg)	Länge × Breite × Höhe (mm)	Radstand (mm)	Bemerkungen
Jakovlev & Frese	1896	1		2 b. 500	20	300	3 200 1 530 1 440	1 370	Zweigangschaltung, Zweisitzer
Romanov	1900	2 Elektromotoren		je 12 b. 1 800	40	720	3 270 1 700 2 420	1 570	Dreisitzer, lenkb. HA
Lessner GLS	1905	2	1 528	6 b. 1 000	20	1 200	3 400 1 750	2 200	Dreigangschaltung, Zweisitzer
Pusyrjev A 28-40	1912	4	6 325	40 b. 1 200	80	1 900	4 700	3 320	Viergangschaltung, Siebensitzer
Russobalt K 12/20	1911	R 4	2 111	20 b. 1 600	70	1 200	3 800	2 855	Dreigangschaltung,
Russobalt S 24/40	1913	R 4	4 501	40 b. 1 500	70	2 100	4 650 1 600 2 340	3 305	Fünfsitzer

AMO gegründet worden: Ausgangspunkt der Fertigung der ersten sowjetischen Kraftfahrzeuge. Die Produktionsanlagen entstanden im Moskauer Vorort Tjufeleraja Rosča. In kleiner Stückzahl fertigte dieser Betrieb später auch riesige „Phaetons" mit 4,4-l-Motor auf der Chassis des Lkw AMO F 15.
Am 16. August 1918 wurde aufgrund eines Dekrets der Revolutionsregierung der Vorgänger des späteren Wissenschaftlichen Forschungsinstituts für Automobile und Automobilmotoren (NAMI), das Zentrale Automobil-Forschungslaboratorium, gegründet. NAMI-Techniker entwickelten u. a. die ersten sowjetischen Pkw NAMI-1, NATI-2 und KIM 10. Hauptaufgaben dieses Instituts sind bis heute die Entwicklung neuer Kraftfahrzeuge, ihre Verbesserung, Erprobung und Standardisierung. Im Oktober 1922 berichtete die Tageszeitung „Isvestija" über einen Pkw-Prototyp aus dem Panzermontagewerk BTAZ, montiert aus Baugruppen des Russobalt „S".

Dennoch waren es erst die späten 20er Jahre, in denen der Aufbau einer eigenständigen Pkw-Industrie begann. Das Hauptaugenmerk galt weiterhin der Produktion dringend benötigter Nutzfahrzeuge. Die eigentliche Großserienfertigung sowjetischer Pkw lief 1932 mit den GAZ-A-Modellen in Gorki an. Ihr zuvorgegangen waren intensive Tests gängiger Modelle dieser Zeit, vor allem von General Motors und Ford.
Maßgeblichen Anteil an der Forcierung einer eigenständigen Pkw-Industrie hatte die 1927 gegründete Freiwillige Gesellschaft zur Unterstützung des

SU

Die wichtigsten VAZ-Modelle

Typ	Produktionszeit	Hubraum (cm³)	Höchstleistung (kW) bei Drehzahl (U/min)	Beschleunigung 0–100 km/h (s)	Höchstgeschwindigkeit (km/h)	Länge × Breite × Höhe (mm)	Radstand (mm)	Betriebsmasse (kg)	Kraftstoffverbrauch-Drittelmix (l/160 km)	Bemerkungen
2101	ab 1971	1198	47 b. 5600	20	140				9,3	
21011	1974/1983	1294	51 b. 5600	18	143				9,9	
21012		1198	47		140	4073				Rechtslenker
21013	ab 1977	1198	47	20	142	1611	2424	955	9,3	2101-Karosserie
21014		1294	51		143	1440				Rechtslenker
21016	1976/1984	1294	51	18	143				9,9	2101-Karosserie
2102	ab 1972	1198	47	23	135				10,2	
21021-01	1978/1983	1294	51	19	138				9,9	2103-Armaturen
21021-02	1978/1983	1294	51	19	138	4059			9,9	21011-Armaturen
21022		1198	47		135	1611	2424	1010		Rechtslenker
21023	ab 1977	1458	57 b. 5600	17	145	1458			9,7	
21024		1294	51		138					Rechtslenker
21026		1458	57							Rechtslenker
2103	ab 1973	1458	57	17	150				10,1	
21032						4116	2424	1030		
21033	ab 1977	1294	51	19	143	1611			9,6	
21035	1972/1983	1198	47	21	140	1446			9,5	
2104	ab 1984	1294	48 b. 5600	18	137	4115		1020	9,4	
21043		1458	57 b. 5600			1620	2424			
						1446				
2105	ab 1980	1294	48 b. 5600	18	145	4130			9,2	
21051	ab 1980	1198	44 b. 5600	20	142	1620	2424	995	9,2	
21053	ab 1981	1458	54 b. 5600	17	152	1446			9,4	
2106	1976/1983	1569	59 b. 5200	16	152	4166			9,6	Rechtslenker
21061	ab 1976	1458	57	17	150	1620	2424	1045		
21063	ab 1976	1294	51	19	145	1440			9,3	
2107	ab 1982	1458	57	15	152	4128				
21072		1294	51		145	1620	2424	1030		
21074		1569	59			1446				
2121	ab 1977	1569	59	23	130	3720			10,6	
21211	ab 1978	1294	51	27	125	1680	2200	1150	11,8	
						1640				
2108	ab 1985	1285	47 b. 5600	15	150	4006			7,2	
21081	ab 1987	1099	39 b. 5600	17	140	1620				nur mit 4-Gang-Getriebe
21083	ab 1986	1499	54 b. 5600	14	155	1400	2460	920	7,4	nur mit 5-Gang-Getriebe
2109	ab 1987	1285	47 b. 5600			4006	2460	950		
21093	ab 1988	1499	54 b. 5600			1620	2460	965		
2110	ab 1989	1499	54 b. 5600			1400	2460	980		

Beschleunigung 0–100 km/h mit zwei Personen, Kraftstoffverbrauch, Beschleunigung und Höchstgeschwindigkeit nach Avtomobiljapromyšlenost (Moskau)

21 *Moskvič 2141, ZAZ 1102 und VAZ 2108 auf der NAMI-Teststrecke Dmitrov. Foto: Billeb*

22 *Moskvič 2141. Foto: Starck*

21

22

23 ZAZ 1102.
Foto: Billeb

24 ZAZ 1102.
Foto: Böttcher

25 Moskvič 2141, VAZ 2108 und ZAZ 1102 auf Präsentationstour durch die Sowjetunion.
Foto: Billeb

26 ZIL 4104.
Foto: Werkbild

23

24

TOEXPORT
AVTOEXPORT
AVTOEXPORT
Lada-Samara
2672 ММД
02 11 ЗПА

25

26

27 ZAZ 968.
Foto: Dünnebier

28 VAZ 2121.
Foto: Billeb

29 VAZ 2105.
Foto: Starck

27

28

29

30 *VAZ 2104.*
Foto: Dünnebier

31 *VAZ 2105 Rallye.*
Foto: Werkbild

30

31

32

32 *VAZ 2106.*
Foto: Dünnebier

33 *VAZ 2108.*
Foto: Starck

33

34 VAZ 2121.
Foto: Werkbild

35 VAZ 1111.
Foto: Böttcher

34

35

5

System der Pkw-Typenkennzeichnung seit den 70er Jahren	
Hubraum (l)	**Index**
bis 1,2	11 ..
1,2 bis 1,8	21 ..
1,8 bis 3,5	31 ..
über 3,5	41 ..

SU

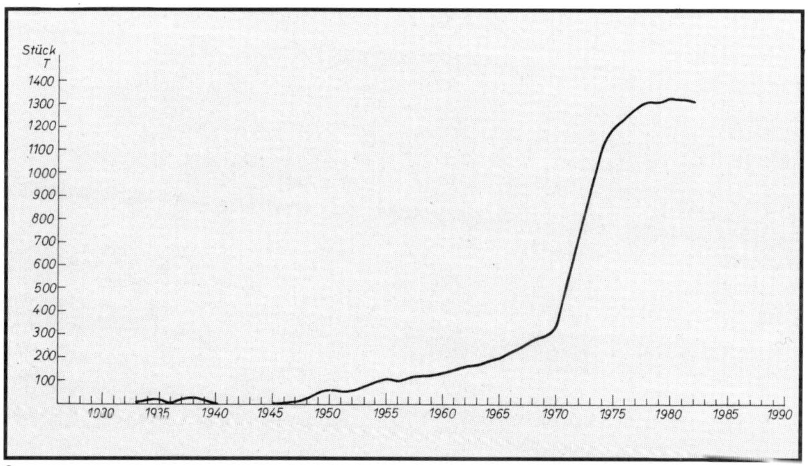

6

5 Seit 1958 fast unverändert: Versehrtenfahrzeug S-ZA. Seit 1952 werden derartige Fahrzeuge im Motorradwerk Serpuchov (SMZ) in Serie gefertigt. Der 425 kg schwere Zweisitzer wird von einem Einzylinder-Zweitaktmotor angetrieben, der mit 346 cm³ Hubraum maximal 6 kW bei 3200 U/min erreicht.
Foto: Kittler

6 Gesamtproduktion sowjetischer Pkw.
Zeichnung: Kittler

Automobil- und Straßenwesens Avtodor, die mit der provokanten Problemstellung „Amerikanische Autos oder russische Leiterwagen" zur realen Einschätzung der eigenen Möglichkeiten drängte und sich für eine Lizenzproduktion einsetzte.
Nach dem Moskauer Kleinwagenwerk MZMA und dem Automobilwerk Gorki GAZ wurde 1936 das Stalinwerk ZIS zum dritten Pkw-Hersteller. Nur kurzfristig hatte sich 1933/34 der Leningrader Betrieb Krasnij Putilovez mit der Kleinserienfertigung der siebensitzigen Luxuslimousine L 1 versucht. Sie verfügte über einen 5,6-l-Motor (R 8), dessen Höchstleistung 85 kW bei 2900 U/min betrug.
Bis zum Beginn des zweiten Weltkriegs stieg die Pkw-Jahresproduktion auf 19 647 Einheiten (1939). Bis 1945 ging die jährliche Fertigung zugunsten kriegswichtiger Fahrzeuge auf 4995 Einheiten zurück. Doch bereits 1950 wurde mit 64 554 Pkw ein Vielfaches des Vorkriegsausstoßes erreicht.

Vierter sowjetischer Pkw-Hersteller war das 1959 in Betrieb genommene Kleinwagenwerk „Kommunar" in Zaporože. Doch der entscheidende Schritt zu einem der führenden Automobilhersteller in der Welt war der Aufbau des Pkw-Werks an der Volga: Von den jährlich 1,3 Millionen Pkw kommen rund 800 000 von VAZ. Der Automobilbau hatte während des XIII. Fünfjahrplans tatsächlich die größte Zuwachsrate aller Industriezweige. Einbezogen in den Fertigungsprozeß des Riesenwerks sind seit der Verabschiedung des RGW-Komplexprogramms von 1971 auch

SU

7 NAMI-1.
Foto: Archiv Kittler
8 KIM 10-50.
Foto: Archiv Kittler
9 Moskvič 402 auf hohem Fahrgestell mit Allradantrieb (1956).
Foto: ADN-Zentralbild
10 Sport Prototyp E 403-424 von 1951, abgeleitet vom Modell 400.
Foto: Archiv Kittler
11 Moskvič 403 IE.
Foto: Kittler
12 Moskvič 423 N.
Foto: Kittler

7

8

9

Zulieferer aus den anderen sozialistischen Ländern. Pkw-Importe in die Sowjetunion gibt es übrigens nicht. In der Pkw-Herstellung liegt die Sowjetunion inzwischen an sechster Stelle in der Welt. Exportiert wird in über 70 Länder!
Alle Anstrengungen gelten heute – internationalen Trends folgend – der Senkung des Kraftstoffverbrauchs, des Schadstoffausstoßes (1983 verschärfte GOST-Normen) und der Eigenmasse sowie der Verbesserung von Fahrkomfort und Platzökonomie. Von NAMI initiiert wurden vielversprechende Versuche mit eigenentwickelten Dieselmotoren. Gelungene Beispiele für diese Entwicklungen stehen in allen sowjetischen Pkw-Werken unmittelbar vor dem Serienstart.

AZLK und IžMaš – das Automobilwerk „Leninscher Komsomol" in Moskau und das Kraftfahrzeugwerk in Iževsk

Das frühere Moskauer Karosseriewerk Iljin wurde 1918 zum Kraftfahrzeuginstandhaltungsbetrieb „Spartak". Als technischer Leiter fungierte weiterhin Pjotr P. Iljin.
Am 1. Mai 1927 wurde hier im „Staatlichen Automobilbetrieb No. 4" das erste sowjetische Pkw-Projekt NAMI-1 prä-

10

11

12

sentiert, entwickelt in Zusammenarbeit mit dem Wissenschaftlichen Automobilinstitut NAMI, vor allem vertreten durch den Konstrukteur Konstantin A. Šaropov. Von 1927 bis 1930 verließen genau 403 Einheiten das Werk. Verwirklicht wurden dabei viele originelle Lösungen, teilweise erstmals angewandt im sowjetischen Automobilbau – so der Zentralrahmen und die hintere Einzelradaufhängung. Die zweite Serie des NAMI-1 lief 1929 an. Ein Jahr später, als das Spartak-Werk ins Moskauer AMO-Werk eingegliedert wurde, endete die Pkw-Herstellung. Danach begann die Großserienfertigung von AMO- und GAZ-Baugruppen. Allerdings konstruierte und erprobte man im nunmehrigen „Staatlichen Automobilbetrieb No. 2", benannt nach der Kommunistischen Jugendinternationalen (KIM), auch die legendären GAZ-A und GAZ-AA. Nur in Einzelstücken entstand 1932 das Versuchsmuster NATI-2, ein offener Wagen mit luftgekühltem R 4-Motor, der mit 1 200 cm^3 Hubraum eine Höchstleistung von 16 kW bei 2800 U/min erreichte.

Erst 1940 wurde ein neues, wiederum in Zusammenarbeit mit NAMI entwickeltes Modell vorgestellt – der KIM-10, Staatsplanaufgabe des V. Fünfjahrplans (1938 bis 1942). Dafür war das bislang als GAZ-Zweigbetrieb fungierende Montagewerk gründlich restauriert worden. Vom KIM-10 entstanden insgesamt nur 500 Einheiten: Der zweite Weltkrieg verhinderte den Beginn der Serienproduktion. Den zweitürigen KIM-10 gab es in den Varianten 10-50 (Limousine) und – in geringer Stückzahl für den Einsatz in den südlichen Sowjetrepubliken gefertigt – 10-51 (Cabriolet mit verbreiterter rechter Tür zum besseren Durchstieg). Über eine viertürige,

SU

Bilder S. 141
14 Prototyp Moskvič-Sport von 1964. Foto: Archiv Kittler
15 Moskvič 408 IE. Foto: Kittler
16 Iž 2125. Foto: Dünnebier

17 Iž 2715 von 1974. Foto: Novosti
18 Iž 2715-01. Foto: Dünnebier
19 Iž 27151-01. Foto: Dünnebier

17

18

19

1954, ein Jahr bevor der vollkommen neue Nachfolgetyp 402 erschien, erhielt das nunmehr 401 genannte Basismodell einen leistungsstärkeren Motor.
Versuchsmuster mit der neuen selbsttragenden Karosserie hatte es schon ab 1949 gegeben. Das Entwicklungsteam um Ingenieur A. Andronov hatte sich bemüht, ein modern gestaltetes Auto auf Basis bewährter Baugruppen aufzubauen.

Vom Moskvič 402 abgeleitet wurde der 423, übrigens das erste Kombimodell im sowjetischen Pkw-Bau. Der Kombi rollte 1957/58 vom Band, bevor der weiterentwickelte 423 N folgte.
1956 hatte die Produktion des modifizierten Typs 407 begonnen. Auch davon gab es zahlreiche Modifikationen, darunter eine allradgetriebene Variante – eine wichtige landesspezifische Besonderheit in der Sowjetunion. In jener Zeit entstand eine Reihe von Prototypen, deren Erprobung eine Vielzahl von Erkenntnissen in die laufende Serienproduktion einfließen ließ. Entwicklungsarbeit wurde auch für andere Hersteller (z. B. ZAZ) geleistet.
1963 lief die Fertigung des Moskvič 403 an, nur noch im weitesten Sinne eine Ableitung des 402. Der 403 wurde auch im Zweigwerk in Iževsk gefertigt, wo 1966 die Pkw-Produktion (projektierter Jahresaustoß 220 000 Einheiten) begonnen hatte. Hier entstanden künftig Limousinen-, Kombi-, Pickup- und Lieferwagenvarianten des Moskvič (1974: 150 000 Moskvič 412, Iž 2715 und Iž 2125). Bis 1977 liefen in Iževsk unter der Bezeichnung „Iž" rund eine Million Autos vom Band.

20

21

20 Moskvič 2140.
Foto: Novosti
21 Moskvič 1500 SL.
Foto: Novosti

Bild S. 144
22 Moskvič 2141.
Foto: Huhle

Bild S. 145
23 Iž 2126.
Foto: ADN-Zentralbild

SU

Bereits 1964 war in Moskau ein Fahrzeug mit moderner Pontonkarosserie vorgestellt worden: der Moskvič 408. Immer wieder verbessert und mit entsprechend neuen Modellkennziffern versehen, wurde dieses Auto über 20 Jahre lang gebaut. Die ersten 408er Prototypen stammten aus dem Jahre 1961! Ausgehend vom Basismodell entstanden wiederum eine Kombi- und eine Lieferwagenvariante.
Am leistungsstärkeren 1,5-l-Leichtmetallmotor, der des späteren Modells 412, wurde ab 1965 gearbeitet. Motorgehäuse und Kurbelwellenlagerung waren derart solide, daß problemlos Leistungssteigerungen z. B. für Rallye-Fahrzeuge möglich wurden.
Ab 1967 lieferte das Motorenwerk Ufa diese Aggregate nach Moskau und Iževsk.
Zwei Jahre später kam dann – parallel zum 408 – der Moskvič 412 auf den Markt, äußerlich erkennbar an den Rechteckscheinwerfern (importiert aus der DDR) und den horizontalen Rückleuchten. Der bis dahin mit runden Frontscheinwerfern und vertikalen Rückleuchten ausgerüstete Moskvič 408 erhielt ab 1970 ebenfalls die geänderte Außengestaltung (Modell 408 IE).
Der 412 hatte – als erster Pkw sowjetischer Produktion – einen modernen Motor mit obenliegender Nockenwelle. Die durchgehende vordere Sitzbank war Einzelsitzen gewichen, statt der Lenkradschaltung besaß das Auto nunmehr eine Knüppelschaltung. Armaturenbrett, Lenkrad und Mittelkonsole waren neu gestaltet.
Seine Unverwüstlichkeit bewies das neue Modell nicht zuletzt bei der Rallye London – Sydney im Jahre 1969, als alle

22

vier teilnehmenden Moskvič das Ziel erreichten und Klassenbestzeiten herausfuhren. Chefkonstrukteur A. Adronov wies in diesem Zusammenhang auf die Reserven des 412er Motors hin: Unter Beibehaltung des Grundaufbaus und der Hauptbauteile seien problemlos Leistungssteigerungen auf 75 kW möglich. Abgeleitet vom Modell 412 wurde die Fließheckvariante Iž 1500. In Iževsk entstanden 1986 genau 123 580 Einheiten. Bemerkenswert sind die steigenden Produktionszahlen: Verließ im Herbst 1967 der einmillionste Moskvič das Band, rollte in Moskau 1975 der zweimillionste Wagen aus den Werkhallen. Zu diesem Zeitpunkt wurde das Automobilwerk „Leninscher Komsomol" AZLK – die neue Bezeichnung erhielt MZMA 1968 anläßlich des 50. Jahrestages des Komsomol – stark modernisiert: 46 neue automatische Fließstraßen, 135 Taktstraßen (Gesamtlänge der Fertigungsbänder 50 km – davon 10 km programmierbar gesteuert) und 1500 automatisierte Ausrüstungseinheiten ermöglichten eine Tageskapazität von 560 Einheiten. Dies bedeutete eine Verdopplung des Produktionsausstoßes (August 1980: dreimillionster Moskvič). Die projektierte Jahresleistung betrug nun auch hier 250 000 Fahrzeuge. In der Folgezeit gingen am Moskvič 412 diverse Änderungen vonstatten. Während das Fahrwerk unverändert blieb, wurden beispielsweise durch einen stark verbesserten Vergaser günstigere Kraftstoffverbrauchswerte erzielt.

23

Neben der Montagefertigung in Bulgarien wurden auch in Belgien Moskvič-Varianten komplettiert, u.a. mit einem 1,6-l- (Modell 408) bzw. 1,8-l-Perkins-Dieselmotor. Diese Modelle wurden unter der Bezeichnung „Moskvich Elite" oder „Scaldia" angeboten. AZLK-Wagen laufen inzwischen in rund 70 Ländern der Welt (u.a. in Österreich, Finnland, Frankreich, Großbritannien, Niederlande, Norwegen, Irland, Belgien, Luxemburg, Irak). Anläßlich des XXV. Parteitages der KPdSU im Jahre 1975 verließen die ersten Modelle 2138 (mit 1,4-l-Motor) und 2140 (mit 1,5-l-Motor) die Fließbänder. Letztere wurden zum neuen Basistyp von AZLK. Gegenüber dem 412 hatte man vor allem die innere und äußere Gestaltung des Fahrzeugs überarbeitet (geglättete Karosserie, geschwärzter Kühlergrill, neue Heckleuchtenanordnung, versenkte Türgriffe, erstmals Zwangsentlüftung). Ein Beitrag zur Verbesserung der Fahrsicherheit war die Einführung vorderer Scheibenbremsen. Der vom 412 übernommene Motor erhielt – wie der VAZ 2101 – ein geschlossenes Kühlsystem. Vergaser und Sitzkonstruktion sind auf den VAZ 2103 zurückzuführen. Das Fahrwerk mit Querlenkern, Schraubenfedern und Teleskopstoßdämpfern vorn sowie Starrachse, Längsblattfedern und schräggestellten Stoßdämpfern hinten blieb nahezu unverändert. Für den Export gab es ab 1981 eine besonders luxeriöse 2140-Variante mit der Bezeichnung „Moskvich 1500 SI" (2140-117). Sie erfuhr nicht nur stilistische Retuschen (u.a. große Plaststoßstangen, vergrößerte Heckleuchtenkombination, verändertes Armaturenbrett): Mit Hilfe des neuen Ozon-II-Vergasers und mittels einer reduzierten

24 *Moskvič 2141.*
Foto: Knasev

Typ: Moskvič/Aleko 21412 (2141)

Karosserie

Form/Aufbau:	Kombilimousine/ selbsttragend
Türen/Sitzplätze:	5/ 5

Motor

Typ:	4-Zylinder-Reihen-Vergasermotor UZAM 331 (VAZ 2106)
Lage/Kühlung:	Frontmotor längs/ flüssigkeitsgekühlt
Nockenwelle und Ventile:	OHC
Bohrung/Hub (mm):	82,0/70,0 (79,0/80,0)
Hubraum (cm^3):	1 478 (1 568)
Verdichtung:	9,5 : 1 (8,5 : 1)
Leistung (kW):	53 bei 5 500 U/min (56 bei 5 400 U/min)
Max. Drehmoment (Nm):	108 bei 3 300 U/min (118 bei 3 100 U/min)
Kraftstoffaufbereitung:	Fallstrom-Zweifachvergaser

Kraftübertragung

Antriebsart:	Frontantrieb
Kupplung:	Einscheiben Trocken
Getriebe:	5-Gang (Vollsynchron), Knüppelschalt.

Fahrwerk

Vorderradführung:	Einzelradaufh., Federbeine, Querl., Schraubenfed. m. innenl. Teleskopstoßd., Querst.
Hinterradführung:	Einzelradaufh. an Verbundlenkerachse, Schraubenfed., Teleskopstoßd., Querstab.
Bremse:	Scheibenbremse v/ Trommelbremse h mit Servo-Zweikreis
Lenkung:	Zahnstange
Reifen/Felgen	175/70 R 14/5 J × 14

Elektrik

Batterie:	12 V 55 Ah
Wechselstromlichtmaschine	55 A

Massen, Maße, Fahrleistungen

Leermasse (kg):	1 080 (1 070)
Gesamtmasse (kg):	1 480 (1 470)
Länge × Breite × Höhe (mm):	4 350 × 1 690 × 1 400
Radstand (mm):	2 580
Spurweite v/h (mm):	1 440/1 420
Bodenfreiheit (mm):	165
Wendekreisdurchmesser (m):	10,0
Kofferraumvolumen (dm^3):	470
Tankinhalt (l):	55
Höchstgeschwindigkeit (km/h):	147 (155)
Beschleunigung 0–100 km/h (s):	18,7 (15,7)
Kraftstoffverbrauch (l/100 km):	6,3/8,6/10,0 (6,1/8,3/9,4) (DIN: 90–120 km/h – Stadt)

Die Nullserienfertigung des 2141 begann 1985. Das neue Modell ist – anders als seine Vorgänger – rundherum eine eigenständige Neuentwicklung. Da ursprünglich vorgesehene Lizenzabkommen (z. B. für einen 1,8-l-Motor von Volkswagen) nicht realisiert wurden und der Bau des geplanten Motorenwerks sich verzögerte, wurde anfangs statt der avisierten modernen 1,6- bis 1,8-l-OHC-Motoren auf Altbewährtes zurückgegriffen: auf den überarbeiteten, kurzhubigen und drehfreudigen 1,5-l-Moskvič-Motor UZAM 331.10 mit Querstrom-Zylinderkopf sowie auf den elastischen 1,6-l-Motor VAZ 2106. In alter Manier behielt man auch die Längsanordnung des Triebwerks bei, wobei der Motor aus Gründen der flacheren Motorhaubengestaltung nunmehr weiter mittig und nach links geneigt eingebaut ist. Das Fahrwerk, entspricht internationalem Niveau: vorn PcPherson-Federbeine, untere Querlenker und Querstabilisator, hinten raumsparende Verbundlenkerachse, Teleskopstoßdämpfer und Schraubenfedern, dazu Zahnstangenlenkung und Zweikreis-Bremsanlage (vorn Scheibenbremsen). Das Kofferraumvolumen ist gegenüber dem 2140 um über ein Viertel größer geworden. Die hintere Sitzbank ist durchgehend umklappbar, die Heckklappe wird durch zwei Gasdruckdämpfer gehalten.

SU

25 *Iž 2126.*
Foto: Archiv Kittler

Typ: Iž 2126

Karosserie

Form/Aufbau:	Kombilimousine/ selbsttragend
Türen/Sitzplätze:	5/5

Motor

Typ:	4-Zylinder-Reihen-Vergasermotor UZAM-412
Lage/Kühlung:	Frontmotor längs/ flüssigkeitsgekühlt
Nockenwelle und Ventile:	OHC
Bohrung/Hub (mm):	82,0/70,0
Hubraum (cm³):	1479
Verdichtung:	8,8 : 1
Leistung (kW):	53 bei 5 500 U/min
Max. Drehmoment (Nm):	112 bei 3 400 U/min
Kraftstoffaufbereitung:	Fallstrom-Zweifachvergaser

Kraftübertragung

Antriebsart:	Heckantrieb
Kupplung:	Einscheiben Trocken
Getriebe	5-Gang (Vollsynchron), Knüppelschalt.

Fahrwerk

Vorderradführung:	Einzelradaufh. an McPherson-Federbeinen u. Dreieckquerl.
Hinterradführung:	Starrachse, Schraubenfed., Teleskopstoßd.
Bremse:	Scheibenbremse v, Trommelbremse h (Zweikreis), Bremskraftverst.
Lenkung:	Zahnstange
Reifen/Felgen:	165/13/4½ J × 13

Elektrik

Batterie:	12 V 56 Ah
Drehstromlichtmaschine	700 W

Massen, Maße, Fahrleistungen

Leermasse (kg):	1 030
Gesamtmasse (kg):	1 430
Länge × Breite × Höhe (mm):	4 000 × 1 650 × 1 450
Radstand (mm):	2 400
Spurweite v/h (mm):	1 270/1 270
Kofferraumvolumen (dm³):	340 (1 300)
Höchstgeschwindigkeit (km/h):	150
Beschleunigung 0–100 km/h (s):	17
Kraftstoffverbrauch (l/100 km):	7,8 (Drittelmix ECE)

Der Iž 2126 hat Heckantrieb und basiert mechanisch z. T. noch auf dem Moskvič 2140. Später soll der modernisierte Motor UZAM-331 zum Einsatz kommen.

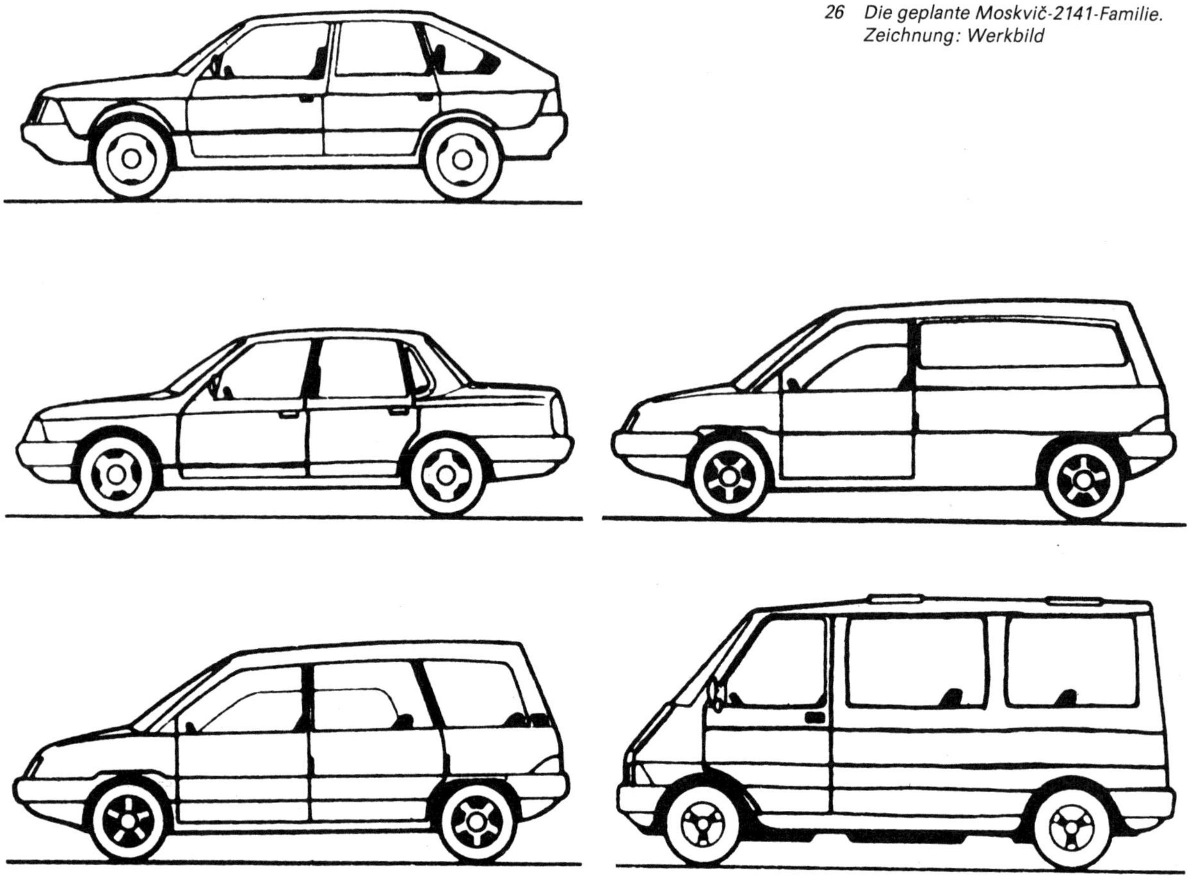

26 Die geplante Moskvič-2141-Familie. Zeichnung: Werkbild

Hinterachsübersetzung wurde das Auto sparsamer im Kraftstoffverbrauch.
Seit langem vorbereitet war der Serienbeginn eines neuen, erstmals frontgetriebenen Modells, das nur wenige Komponenten bisheriger AZLK-Wagen übernehmen sollte. Bereits Anfang der 80er Jahre veröffentlichte die sowjetische Nachrichtenagentur TASS Fotos eines „Meridian 1700 TS" genannten Fließheck-Autos, zu dessen Produktion es allerdings nie kam. Die ersten fünftürigen Fließheckvarianten mit der Bezeichnung Moskvič 2141 entstanden anläßlich des XXVII. KPdSU-Parteitages 1985 in Handarbeit, weil die Voraussetzungen für die Bandproduktion noch nicht geschaffen waren. 1986 – als der viermillionste Moskvič vom Band rollte – belief sich die Jahresproduktion auf lediglich 317 Einheiten parallel neben dem 2138/2140 (160 000 Einheiten) und übrigens auf dem gleichen Band. Der projektierte Jahresausstoß liegt bei 200 000 nach Ablösung der bisherigen Modelle. 1987 waren 10 000 2141-Einheiten vorgesehen, 1988 sollten es 80 000 Einheiten sein. Der neue Moskvič erhielt anfangs wahlweise den bisherigen 1,5-l-AZLK-Motor (ab 1987) bzw. den 1,6-l-VAZ-Motor (ab 1986), beide hinsichtlich günstigeren Verbrauchs überarbeitet. Im Jahre 1985 begann die umfassende Rekonstruktion des Werkes, das mit neuen Gebäuden und freiprogrammierbaren Maschinenanlagen versehen wurde, die u.a. aus der BRD und aus Italien importiert wurden. AZLK verfügt inzwischen über hochmoderne automatische Fertigungsanlagen, darunter Preßfertigungskomplexe auf 65 000 m² Fläche (importiert aus der DDR). 150 Roboter, davon 16 für den hinteren Teil der Bodengruppe und vier für die Längsträger, besorgen

Die wichtigsten Moskvič und IŽ-Modelle (Fortsetzung auf S. 150)

Typ	Aufbau	Produktionszeit	Motor Typ/Kühl.	Motor Hubraum (cm³)	Motor Höchstleistung (kW) bei Drehzahl (U/min)	Höchstgeschwindigkeit (km/h)	Länge × Breite × Höhe (mm)	Radstand (mm)	Betriebsmasse (kg)	Bemerkungen
NAMI-1	Cabrio	1927/1930	V2, luftg.	1160	14 b. 2600	70	3700 × 1300 × 1320	2800	750	
KIM 10-50	Lim.	1940/1941	R4, luftg.	1172	19 b. 3800	90	3960 × 1480 × 1650	2385	840	3-Gang-getr.
10-51	Cabrio	1940/1941								
400-420	Lim.	1946/1954	R4, SV	1074	17 b. 3600	90	3855 × 1400 × 1560		845	
400-420 A	Cabrio	1948/1952								3-Gang-getr.
400-420 M	Sankra							2340		
400-420 K	Chassis	1948/1952								
400-422	Lieferw.	1947/1956								
401	Lim.	1954/1956	R4, SV	1220	26 b. 4200	90	3855 × 1400 × 1555		855	3-Gang-getr.
402	Lim.	1956/1958	R 4, SV	1220	26 b. 4200	105	4055 × 1540 × 1560		980	
402 M	Sankra									3-Gang-getr.
402 T	Taxi	1956/1962						2370		
410	4 × 4	1957/1958				105	4055 × 1540 × 1670			
423	Kombi	1957/1958					4055 × 1540 × 1600		1015	Ladefläche 1473 × 1220
407	Lim.	1957/1963	R4, OHV	1358	33 b. 4500	115	4055 × 1540 × 1500		990	4-Gang-getr.
423 N	Kombi	1958/1964					4055 × 1540 × 1560	2370		
430	Lieferw.									
410	4 × 4	1958/1960				90	4055 × 1540 × 1670	1150		
403 (B)	Lim.	1962/1965	R4, OHV	1358	33 b. 4500	115			980	
403 M	Sankra									4-Gang-getr.
403 K	Bausatz							2370		
424	Kombi									
432	Lieferw.									
408	Lim.	1964/1974		1358	37 b. 4750	120	4090 × 1550 × 1480		990	
426 (P)/ 426 U	Kombi	1966/1971	R 4, OHV, flüss.			115		2400	1050	4-Gang-getr.
430 (P)	Lieferw.	1966/1969				115			1010	
412	Lim.	1969/1976	R4, OHC, flüss.	1478	55 b. 5800	140	4196 × 1550 × 1480	2400	1050	4-Gang-getr.
427	Kombi	1969/1976					4166 × 1550 × 1525		1095	
2138	Lim.	1976		1358	37 b. 4750	120	4250 × 1550 × 1480		1080	4-Gang-getr.
2136	Kombi	1976	R4, OHV, flüss.	1358	37 b. 4750	115	4210 × 1550 × 1525	2400	1120	
2733	Lieferw.			1358	37 b. 4750	110	4210 × 1550 × 1500		1080	
2140	Lim.	1976				140			1047	
2140-117(SL)	Lim. Lux.	1981				140	4250 × 1550 × 1480		1036	
2137	Kombi	1976				130			1120	4-Gang-getr.
21401	Sankra		R4, OHC, flüss.	1478	55 b. 5800				1080	
21403	Invalid.	1979				130				
21406	Landwirt.	1978				130				
2734	Lieferw.					115				

SU

Typ	Aufbau	Produktionszeit	Motor Typ/Kühl.	Motor Hubraum (cm³)	Motor Höchstleistung (kW) bei Drehzahl (U/min)	Höchstgeschwindigkeit (km/h)	Länge × Breite × Höhe (mm)	Radstand (mm)	Betriebsmasse (kg)	Bemerkungen
2141	Kombilim.	ab 1986	R4, OHC, flüss.	1480	56 b. 5400	155	4350 × 1690 × 1400	2580	1070	5-Gang-getr.
				1568	53 b. 5500	147			1080	
Iž 412 E	Lim.	ab 1967	R5, OHC, flüss.	1478	55 b. 5800	140	4196 × 1350 × 1480	2400	1045	4-Gang-getr.
Iž 2125	Kombilim.	1973/1982					4120 × 1550 × 1480		1085	
Iž 21251	Kombilim.	ab 1982					4196 × 1550 × 1480		1100	
Iž 2715	Lieferw.	ab 1972					4100 × 1600 × 1760		1100	
Iž 27151	Pickup	ab 1972					4100 × 1550 × 1470		1050	
Iž 2126	Kombilim.	ab 1989	R 4, OHC, flüss.	1478	55 b. 5800	150	4000 × 1650 × 1450		1030	5-Gang-getr.

27

*27 Prototyp GAZ-A Aero.
Foto: Archiv Kittler*

*28 GAZ-A.
Foto: Archiv Kittler*

*29 GAZ M-1.
Foto: Archiv Kittler*

*30 GAZ-415, eine Pickup-Variante auf M-1-Basis
Foto: Archiv Kittler*

auf der 200-m-Schweißstrecke insgesamt 4170 Punktschweißungen für die Karosserie. Die Zwischentransporte erfolgen über unterflurgesteuerte Roboterkarren.

Die Einführung des neuen Moskvič-Modells wurde zur Staatsplanaufgabe für den XII. Fünfjahrplan (1986 bis 1990) deklariert. Bis Ende 1989 hat der 2141 den 2140 voll abgelöst. Hinsichtlich des Leistungs- und Platzangebots wird der Moskvič noch über den VAZ-Modellen rangieren. In den Außenabmessungen und auch im Innenraumangebot erreicht der Neue übrigens fast den GAZ 24-10. Noch im Projektstadium befindet sich eine ganze Modellfamilie einschließlich Kleinbus, die auf den Moskvič 2141 aufbaut. 1989 ist mit der Stufenheckvariante, 1990 mit dem Kombimodell und 1991 mit dem Lieferwagen zu rechnen. Bereits in der Erprobung ist eine Dieselversion.

Gegenwärtig kommt jeder siebente in der Sowjetunion gebaute Pkw von IžMaš. Hatte man bislang mehr oder weniger stark modifizierte Moskvič-Varianten gefertigt, wurde 1986 ein vollkommen neues Modell vorgestellt: die fünftürige Fließhecklimousine Iž 2126. Auch hier kommt der bewährte, inzwischen in Zusammenarbeit mit dem Omsker Institut für Motorenbau stark überarbeitete 1,5-l-Moskvič-Motor (wiederum mit neugestaltetem Querstrom-Zylinderkopf) zum Einsatz. Die Motorleistung wurde im Interesse einer besseren Drehmomen-

28

29

30

tencharakteristik auf 53 kW bei 5500 U/min reduziert. Das Fünfganggetriebe stellt eine Neukonstruktion dar. Der aerodynamisch günstig geformte kompakte Wagen wird konventionell über die Hinterräder angetrieben. Anstelle der bisherigen Moskvič-Längsblattfedern werden nunmehr hinten Schraubenfedern sowie Schrägteleskopstoßdämpfer verwendet. Die hintere Starrachse wurde allerdings weiterhin beibehalten.

GAZ – das Automobilwerk in Gorki

Im Rahmen des I. Fünfjahrplans (1928 bis 1933) der UdSSR entstand im damaligen Nišni Novgorod die Automobilfabrik NAZ. Am 1. Januar 1932, knapp zwei Jahre nach der Grundsteinlegung, begann die Serienproduktion. Das Jahresplanziel lag bei 100 000 Einheiten. Erstes Modell war der NAZ AA, ein Klein-Lkw nach Muster des Ford A. Nach der Umbenennung des Ortes nach dem Dichter Gorki zum Jahresende änderte sich auch die Markenbezeichnung (GAZ). Das Automobilwerk selbst trug von 1932 bis 1956 den Namen des damaligen sowjetischen Außenministers Molotov. Im Dezember 1932 lief die Produktion des Pkw GAZ A an. Die konstruktiven Grundlagen dafür hatte das Moskauer Kleinwagenwerk KIM erarbeitet. Hier waren bereits einige Ford A aus Originalteilen montiert worden.

31

32

31 GAZ-11-73.
Foto: Archiv Kittler
32 GAZ 11-40.
Foto: Archiv Kittler
33 GAZ M-20, erste Version.
Foto: Kittler
34 Die Cabrio-Ausführung des M-20.
Foto: Archiv Kittler

Auf der Basis des GAZ A entstand u.a. das zweisitzige geschlossene Postauto GAZ 4 für 500 kg Nutzmasse. Davon wurden zwischen 1933 und 1937 10648 Einheiten gebaut. Neben Pickup- und Cabriomodellen fertigte man auch Sport- und Experimentalfahrzeuge wie den GAZ A Aremkus, den GAZ A Aero und den GAZ TK. Der erste sowjetische Pkw mit Holzgasantrieb, der Avtodor (entworfen 1935 von NATI-Ingenieur A. Pelzer), basierte ebenfalls auf dem GAZ A. Insgesamt wurden genau 41917 Einheiten des Grundmodells gebaut, während der GAZ AA in mehreren hunderttausend Einheiten entstand.

Das Werk in Gorki war allerdings – genau wie das Moskauer Schwesterwerk – in erster Linie als Lkw-Hersteller konzipiert. Darum waren die meisten GAZ-Fahrzeuge, die 1935 an der spektakulären 10000-km-Fahrt Moskau – Karakumwüste – Moskau teilnahmen, robuste Lastkraftwagen, unter ihnen aber immerhin sechs GAZ-A-Pkw. Im Folgejahr wurde der Erfahrungsaustausch mit dem Moskauer AMO-Werk in Form eines Wettbewerbs vertieft.

1936 wurde der 3,3-l-Pkw GAZ M-1 fertiggestellt, der bis 1942 im Produktionsprogramm blieb. Nach seiner Vorstellung auf der Weltausstellung in Paris im Jahre 1937 kam es übrigens zu Exportlieferungen nach Frankreich. Auch von diesem Wagen, der in exakt 62888 Exemplaren entstand, wurden Sonderausführungen wie das Halbkettenfahrzeug GAZ VM mit 3 × 2 Gängen, Taxis und Pickups (1939 bis 1941) gebaut.

33

34

1940 lief die Produktion des GAZ 11-73 an, einer vergrößerten Variante des M-1 mit Sechszylindermotor. Zahlreiche Baugruppen wurden übernommen, andere verbessert (z. B. Bremsen, Armaturenbrett, Federung). Bereits 1938 hatte es Versuchsmuster des viertürigen Cabrios GAZ 11-40 gegeben, dessen Kleinserienfertigung allerdings schon 1940 endete. Weiterhin gab es den Pickup GAZ 11-41. Vom Basismodell 11-73 wurden wegen des Kriegsbeginns nur 1250 Einheiten gefertigt. Mit dem Entwicklungsstopp für zivile Fahrzeuge entstanden nunmehr meist allradgetriebene Fahrzeuge für die Rote Armee, darunter die Geländewagen GAZ 64 und GAZ 67 B, der Kommandeurswagen GAZ 61 sowie der Klein-Lkw GAZ-61-415. Zwischen 1944 und 1948 wurde dann nochmals eine kleine Serie des 11-41 aufgelegt.

Dennoch begann bereits während des zweiten Weltkriegs eine kleine Gruppe von Technikern unter Leitung von Chefkonstrukteur Andrej A. Liphart mit der Konzipierung eines vollkommen neuen Modells. Am 9. Mai 1945 präsentierte sie den GAZ M-20, der den bezeichnenden Namen „Pobeda“ (Sieg) erhielt. Von Beginn der Serienfertigung im Jahre 1946 bis zur Modellablösung 1958 wurden exakt 235 997 Pobedas hergestellt, darunter 14 220 Cabrios und 37 492 Taxiversionen. Für spezielle Einsatzzwecke entstanden auch Kombi- und Lieferwagenvarianten sowie der all-

SU

35 *Der erneuerte GAZ M-20.*
Foto: Kittler

Typ: GAZ M-20

Karosserie	
Form/Aufbau:	Limousine/selbsttragend
Türen/Sitzplätze:	4/5
Motor	
Typ:	4-Zylinder-Reihen-Vergasermotor
Lage/Kühlung:	Frontmotor längs/flüssigkeitsgekühlt
Nockenwelle und Ventile:	SV
Bohrung/Hub (mm):	82,0/100,0
Hubraum (cm^3):	2120
Verdichtung:	6,2 : 1
Leistung (kW):	38 bei 4200 U/min
Max. Drehmoment (Nm):	122 bei 2200 U/min
Kraftstoffaufbereitung:	Horizontalvergaser K 22-E
Kraftübertragung	
Antriebsart:	Heckantrieb
Kupplung:	Einscheiben/Trocken
Getriebe:	3-Gang, Lenkradschalt.
Fahrwerk	
Vorderradführung:	Einzelradaufh. an Trapezdreieckl., Schraubenfed., Teleskopstoßd.
Hinterradführung:	Starrachse an Längsblattfed.
Bremse:	Trommelbremse v, h mit Servo (Einkreis)
Lenkung:	Schnecke u. Rolle
Reifen:	6.00–16
Elektrik	
Batterie:	12 V 54 Ah
Gleichstromlichtmaschine	12 V 18 A
Massen, Maße, Fahrleistungen	
Leermasse (kg):	1400
Gesamtmasse (kg):	1850
Länge × Breite × Höhe (mm):	4665 × 1695 × 1640
Radstand (mm):	2700
Spurweite v/h (mm):	1364/1362
Bodenfreiheit (mm):	210
Wendekreisdurchmesser (m):	13,2
Tankinhalt (l):	55
Höchstgeschwindigkeit (km/h):	105
Kraftstoffverbrauch (l/ 100 km):	13,5

Bei der Konstruktion des Mittelklassewagens GAZ M-20 war bewußt auf technische Rafinessen verzichtet worden. Die Projektphase war im Februar 1944 angelaufen – acht Monate später existierte der erste Prototyp. Während des Versuchsstadiums kam übrigens wiederum der modifizierte GAZ-51-Sechzylindermotor zum Einsatz, der aber dann einem sehr einfachen Vierzylindermotor weichen mußte. Im Vordergrund standen Robustheit und Zuverlässigkeit. Federung und Heizung (ab der zweiten Lieferserie) entsprachen den extremen Einsatzbedingungen in der Sowjetunion. Doch das Auto – ganz speziell seine Taxiversion – war auch im Ausland (vor allem in Skandinavien) sehr beliebt. In Polen wurde der M-20 als „Warszawa" in Lizenz gebaut. Wenngleich der Pobeda seine typische äußere Form immer behielt, erfuhr er verschiedene Stylingretuschen: Die anfangs (1946 bis 1948) mit wuchtigen, querangeordneten Chromzierstäben versehene Kühlerpartie wich schon bei der zweiten M-20-Generation (1949 bis 1955) einer vereinfachten Form. Noch weiter versachlicht wurde das Kühlergrill ab 1956. In der äußeren Gestaltung ähnlich dem späteren Warszawa 201 waren zwei zwei NAMI-Stufenheckprototypen, die 1948 von V. Arjamov, J. Dolmatovskij und L. Terentev geschaffen wurden. Diese Modelle gingen ebenso wenig in die Serie wie zwei M-73-Allradtriebler ähnlich dem GAZ M-72. Ebenfalls nur als Prototyp existierte der von V. Smolin konstruierte Pobeda-Sport, ein zweitüriger Sportwagen mit Stromlinienverkleidung aus dem Jahre 1950. Ein ähnliches Modell war der GAZ-Torpedo von 1951, mit dem – bei dem auf 77 kW leistungsgesteigerten 2,5-l-Motor – eine Höchstgeschwindigkeit von 190 km/h erreicht wurde.

36

37

38

39

36 Versuchsfahrzeug Pobeda-NAMI.
Foto: Archiv Kittler
37 GAZ M-73.
Foto: ADN-Zentralbild
38 GAZ M-72.
Foto: Archiv Kittler
39 ZIM 12.
Foto: Kittler

SU

40 GAZ M-21 Volga (1958). Foto: ADN-Zentralbild
41 GAZ M-21 Kombi (1962). Foto: ADN-Zentralbild
42 GAZ 24 Volga. Foto: Kittler
43 GAZ 2402. Foto: Kittler
44 GAZ 2410 mit geglätteten Konturen. Foto: Kittler

40

41

42

radgetriebene GAZ M-72 (1955 bis 1958), eine Kombination aus dem M-20 und dem Geländewagen GAZ 69. Das Design – Gestalter V. Samoljov – des technisch sehr einfach konzipierten Pobeda mit seinem seitengesteuerten 2,1-l-Vierzylindermotor lehnte sich bewußt an die Modelle von General Motors und Ford an.

Noch in die Produktionszeit des Pobeda fiel die Fertigung des sechssitzigen GAZ-12, der in erster Linie als Repräsentationswagen vorgesehen war, aber auch auf westlichen Exportmärkten seine Abnehmer fand. Gebaut wurde das Auto in kleiner Stückzahl von 1950 bis 1959. Angetrieben wurde der GAZ 12 durch den aus dem Lkw GAZ 51 bekannten leistungsgesteigerten 3485-cm^3-Sechszylindermotor. Dank eines Doppelvergasers und erhöhter Verdichtung waren 66 kW bei 3600 U/min möglich. Das 5,5 m lange Auto auf Kastenrahmenchassis, vorn Einzelradfederung, hinten Starrachse mit Halbelliptikfedern, erreichte maximal 120 km/h. Neben dem Basismodell gab es auch eine Landaulett-Variante (GAZ 12 B) mit aufklappbarem Dach über der Rücksitzbank.
Abgelöst wurde der Pobeda durch den GAZ M-21 „Volga", der von 1956 bis 1970 entstand. Mutmaßungen in Veröffentlichungen jener Zeit, daß der Volga mit einem Sechszylindermotor ausgerüstet sei, erweisen sich als falsch: Zum Einsatz kam – wie beim M-20 – ein Reihenvierzylindermotor, der allerdings über einen größeren Hubraum ver-

43

44

fügte. Es handelte sich übrigens um den ersten sowjetischen OHV-Pkw-Leichtmetallmotor. Die Vorderräder wurden über Querlenker und Schraubenfedern geführt, die Hinterradführung übernahmen Starrachse und Längslenker. Länger, breiter und höher als sein Vorgänger wurde der Volga Basis einer ganzen Modellfamilie (Taxi, fünftüriger Sankra, dreitüriger Lieferwagen, fünftüriger Kombi mit teilbarer Heckklappe und umklappbarer hinterer Sitzbank).

Der M-21 durchlief verschiedene Entwicklungsetappen, die seiner Perfektionierung und seiner rationelleren Herstellung zugute kamen.
Dem Basismodell M-21 G von 1956/57 folgte der 1957/58 gebaute M-21 B. Die letzte Modifikation war der M-21 R. Insgesamt entstanden weit über 1 Million Exemplare des Volgas.
Der auf vielen internationalen Ausstellungen gezeigte, sehr robuste Volga hatte von Anfang an gute Exportchancen. Wahlweise mit Dieselmotoren von Rover, Perkins oder Peugeot wurde er bei Scaldia-Volga SA in Belgien montiert. Anfang der 60er Jahre bediente man sich hierfür Karosserieretuschen sogar des bekannten Ghia-Designstudios. Aber auch die sowjetischen Ausführungen erfuhren äußerlich diverse Änderungen – z. B. bei der Gestaltung des Kühlergrills mit horizontal bzw. vertikal verlaufenden Kühlschlitzen.
Wiederum gab es Spekulationen über eine neues Modell mit Sechzylindermodell ab 1968. Als richtig erwies sich nur, daß tatsächlich ein neuer Volga erschien, allerdings erst 1970 und weiterhin mit Vierzylindermotor. Der GAZ 24 war fast genauso lang und breit

45 *GAZ 3102.*
Foto: Dünnebier

Typ: GAZ 3102

Karosserie

Form/Aufbau:	Limousine/selbsttragend
Türen/Sitzplätze:	4/5
Motor	
Typ:	4-Zylinder-Reihen-Vergasermotor ZMZ 4022-10
Lage/Kühlung:	Frontmotor längs/flüssigkeitsgekühlt
Nockenwelle und Ventile:	OHV
Bohrung/Hub (mm):	92,0/92,0
Hubraum (cm^3):	2445
Verdichtung:	8,0 : 1
Leistung (kW):	77 bei 4750 U/min
Max. Drehmoment (Nm):	181 bei 2500 bis 3000 U/min
Kraftstoffaufbereitung:	Doppelfallstromvergaser K 156
Kraftübertragung	
Antriebsart:	Heckantrieb
Kupplung:	Einscheiben Trocken
Getriebe:	4-Gang (Vollsynchron), Knüppelschalt.
Fahrwerk	
Vorderradführung:	Einzelradaufh. an Dreieckl., Schraubenfed., Teleskopstoßd.
Hinterradführung:	Starrachse, Halbelliptikfed.
Bremse:	Scheibenbremse v/Trommelbremse h mit Servo (Zweikreis)
Lenkung:	Globoidschnecke u. Rolle
Reifen/Felgen:	205/70 R-14/5½ J × 14
Elektrik	
Batterie:	12 V 54 Ah
Wechselstromlichtmaschine:	900 W
Massen, Maße, Fahrleistungen	
Leermasse (kg):	1470
Gesamtmasse (kg):	1870
Länge × Breite × Höhe (mm):	4960 × 1820 × 1476
Radstand (mm):	2800
Spurweite v/h (mm):	1470/1420
Bodenfreiheit (mm):	180
Wendekreisdurchmesser (m):	12,4
Tankinhalt (l):	55
Höchstgeschwindigkeit (km/h):	152
Beschleunigung 0–100 km/h (s):	16,5
Kraftstoffverbrauch l/100 km):	9,9/13,3/13,8 (90–120 km/h – Stadt [ECE])

Ursprünglich war die Ablösung des GAZ 24 schon für 1982 geplant. In erneuerter und äußerlich modifizierter Form erschienen jedoch anläßlich des XXVI. KPdSU-Parteitages die ersten Fertigungsmuster des 3102. Die Besonderheit dieses Autos ist sein Schichtlademotor mit Vorkammer-Fackelzündung: Jeder Zylinder besitzt eine Vorkammer, von wo aus angereichertes und gezündetes Kraftstoffgemisch in den Hauptbrennraum gelangt. Mit diesem in der Sowjetunion kultivierten Verfahren gehen Kraftstoffverbrauch und Schadstoffausstoß erheblich zurück. Die Motorleistung stieg gegenüber dem Basismodell an, während das maximale Drehmoment geringer wurde (181 statt 196 Nm). Stark überarbeitet wurden die Innen- und Außengestaltung des 3102: Äußere Retuschen verleihen dem Fahrzeug ein leicht keilförmiges Aussehen, große H-4-Breitscheinwerfer mit einer Hochdruck-Waschanlage und vergrößerte Rückleuchten, die Wisch-Wasch-Anlage für die Scheinwerfer sowie eine beheizte Heckscheibe prägen das Bild des Fahrzeugs. Es weist eine Sicherheitslenksäule, ein Dreispeichenlenkrad mit Prallplatte, neue Sitze, ein neues Armaturenbrett mit Rundinstrumenten sowie neue Bedienelemente auf. Der Kraftstofftank liegt jetzt ECE-gerecht unter der hinteren Sitzbank. Im Interesse einer längeren Lebensdauer wurden Getriebe, Vorderradaufhängung und Korrosionsschutz verstärkt. Die Modellfamilie umfaßt wiederum die Versionen Taxi, Kombi und Sankra. Bei veränderter Verdichtung werden andere Höchstleistungen erzielt: 70 kW bei 6,7 : 1 und 81 kW bei 8,2 : 1. Der für Sonderversionen eingesetzte Motor ZMZ 4024.10 bringt eine Höchstleistung von 85 kW hervor.

Die wichtigsten GAZ-Modelle (Mittelklasse)

Typ	Produktionszeit	Hubraum (cm^3)	Höchstleistung (kW) bei Drehzahl (U/min)	Beschleunigung 0–100 km/h (s)	Höchstgeschwindigkeit (km/h)	Länge × Breite × Höhe (mm)	Radstand (mm)	Betriebsmasse (kg)	Bemerkungen
A	1932/1935	3 285	29 b. 2 200	30[1])	90	3 875 × 1 710 × 1 780	2 620	1 080	
M 1	1936/1943	3 285	37 b. 2 800	24[1])	105	4 625 × 1 770 × 1 780	2 845	1 270	
11-73	1940								3-Gang
	1944/1948	3 485	56 b. 3 400		120	4 655 × 1 770 × 1 775	2 845	1 450	
11-40	1940	3 485	56 b. 3 400		120	4 655 × 1 770 × 1 780	2 845	1 400	
M 20	1945/1956	2 120	38 b. 4 200		100	4 665 × 1 695 × 1 565	2 700	1 400	3-Gang
M 21 G	1956/1965		52 b. 4 000	34	130	4 030 × 1 800 × 1 620		1 420	
M 21 S		2 445	63 b. 4 000[2])				2 700	1 410	3-Gang
M 21 R	1965/1970			34	135	4 810 × 1 800 × 1 620		1 400	
M 24	ab 1970		70 b. 4 500	22	145			1 420	
M 2401			63 b. 4 500	25	135			1 420	Taxi
M 2402	ab 1972		70 b. 4 500	25	140			1 550	Kombi
M 2403		2 445				4 760 × 1 820 × 1 490[3])	2 800		Sankra
M 2404			63 b. 4 500	28	130			1 550	Kombi-Taxi
M 2407			59 b. 4 500	25	135				alle Gasantr.
M 2410			74 b. 4 500		150			1 400	4-Gang
M 2411									
3102	ab 1982	2 445	77 b. 4 750	17	152	4 960 × 1 820 × 1 476		1 470	4-Gang
31021									Taxi

Alle Motoren R 4
[1]) 0–80 km/h
[2]) je nach Verdichtung auch 55 und 59 kW
[3]) Kombi 4 750 × 1 820 × 1 540

wie der Vorgänger, aber wesentlich niedriger (– 130 mm). Vergrößert wurden der Radstand und die vordere Spurweite. Der elegant gestaltete Mittelklassewagen verfügte – bei ansonsten beibehaltener technischer Grundkonzeption, aber gesteigerter Motorleistung – über eine Reihe von Ausstattungsdetails, die seinen Einsatzzweck vor allem als Behörden- und Dienstfahrzeug deutlich kennzeichnete (Heizung und Belüftung verbessert, neue Armaturenbrettgestaltung, klappbare Mittelarmstützen, ein raffiniert konstruiertes Einkreis-Bremssystem mit Sperreffekt im Havariefall, Bremskraftverstärker, Viergang-Vollsynchrongetriebe mit Knüppelschaltung, verlängerte Wartungsintervalle). Gebaut wurden wiederum Taxi-, Kombi-, Sankra- und Lieferwagenvarianten, z. T. mit Flüssiggasantrieb oder anderer Verdichtung und damit anderen Leistungsparametern. Genau wie sein Vorgänger erfreute sich auch der GAZ 24 im Ausland erheblicher Beliebtheit. Die belgische Exportvariante wurde wahlweise mit einem 37- oder 52-kW-Peugeot-Dieselmotor angeboten. Auf dem österreichischen Markt lief der Volga als Attaché (Limousine) und Commander (Kombi).

Über die Jahre erfuhr der GAZ 24 weit über 100 Detailverbesserungen. Die wichtigsten erfolgten nach Serienbeginn des GAZ 3102, einer Luxusvariante des 24er Modells. Übernommen wurden neben zahlreichen Karosseriedetails für den renovierten 2410 auch der neue Vergaser K 151 mit Schubabschaltung und Abgasrückführung.

SU

46

Bei dem 1982 von Chefingenieur V. Šibalov vorgestellten GAZ 3102 gelang unter Beibehaltung des bisherigen Karosseriegrundkörpers eine eleganter und gestreckter erscheinende Außengestaltung, vor allem zurückzuführen auf die Breitscheinwerfer und die horizontalen, großen Heckleuchtenkombinationen. Der Schichtlademotor ZMZ 4022-10 mit Vorkammer-Fackelzündung aus dem Zavolsker Motorenwerk (bei Astrachan) ist um 2 l/100 km sparsamer als der des GAZ 24. Der Schadstoffausstoß konnte bis um ein Drittel gesenkt werden. Nicht befriedigend gelöst wurden allerdings die thermischen Probleme. Das Werk versicherte, daß bei der Konstruktion des modernisierten Modells allen ECE-Empfehlungen gefolgt wurde. 1986 entstanden 3 807 Einheiten des 3102. Übrigens gibt es auch vom GAZ 3102 eine Taxivariante mit Flüssiggasantrieb. Sonderausführungen sowie die RAF-Transporter aus Riga, die traditionell mit Volga-Aggregaten ausgerüstet werden, erhalten einen leistungsgesteigerten 85-kW-Motor.

Mitte der 80er Jahre wurde erneut über einen zukünftigen Volga-Dieselwagen GAZ 4301 berichtet, ausgerüstet mit einem 55-kW-Selbstzünder. Serienreif ist auch ein leistungssteigernder Turbolader, ebenfalls von NAMI entwickelt. Und auf der Volkswirtschaftsausstellung 1985 wurde der Prototyp GAZ 31011 präsentiert, der – äußerlich identisch mit dem 3101 – über einen 4254 cm^3 hubraumgroßen V-8-Motor mit 118 kW Höchstleistung bei 4950 U/min verfügt.
Dieser interessanten Entwicklungen ungeachtet liegt der Schwerpunkt der

46 *Čaijka GAZ 13.*
Foto: Kittler
47 *Der aktuelle Čaijka GAZ 14.*
Foto: Kittler

SU

47

Die wichtigsten GAZ-Modelle (Oberklasse)

Typ	Produktionszeit	Motor			Beschleunigung 0–100 km/h	Höchstgeschwindigkeit	Länge × Breite × Höhe	Radstand	Betriebsmasse	Bemerkungen
		Zylinderzahl	Hubraum (cm^3)	Höchstleistung (kW) bei Drehzahl (U/min)	(s)	(km/h)	(mm)	(mm)	(kg)	
12	1950/1959	R 6	3485	66 b. 3600		120	5530 × 1900 × 1660	3200	1940	3-Gang
13	1959/1981	V 8	5526[1])	144 b. 4400	20	160	5600 × 2000 × 1620	3250	2100	3-Gang-Automatik[2]) (13 und 14)
14	ab 1977	V 8	5526	162 b. 4200	15	175	6114 × 2020 × 1580	3450	2605	

[1]) 1959 4,9-l-Motor
[2]) hydraulischer Drehmomentwandler und Planetengetriebe, Stufenwahl durch Drucktasten

Pkw-Fertigung in Gorki bei den Modellen 2410 und 3102. Letztere sollen 8 bis 10 Prozent des Produktionsvolumens ausmachen. Dazu kommt eine überarbeitete Variante der Repräsentationslimousine GAZ 14.

Dieses 6,1 m lange Fahrzeug ist Nachfolger des GAZ 13 Čajka. Beide Modelle sitzen auf Kastenrahmen, vorn und hinten mit Starrachse und Längsblattfedern (GAZ 14 Halbelipptikfedern) versehen. Der chromüberladene Čajka entsprach ganz den Erwartungen, die man seinerzeit an ein solches Fahrzeug stellte. Achtzylindermotor und Automatikgetriebe, elektrische Scheibenheber, Servolenkung, Trennung von Fahrerabteil und Fond – diese Luxusattribute besitzt auch das Nachfolgemodell. Vom GAZ 13 gab es sogar eine Kombiversion für 500 kg Nutzmasse, die bei RAF in Riga gefertigt wurde. Weiterhin ist in sehr geringer Stückzahl eine Cabrioversion mit elektrisch betätigtem Klappverdeck montiert worden. Fahrzeuge dieser Kategorie entstehen ohnehin fast in reiner Handarbeit. Der Jahresausstoß des GAZ 14, dessen erneuerte Ausführung Ende der 80er Jahre eine neue Frontgestaltung sowie Scheibenbremsen vorn und hinten erhalten wird, liegt bei 250 Einheiten.

SU

48 *ZIS 101.*
Foto: Archiv Kittler
49 *ZIS 102.*
Foto: Archiv Kittler
50 *Versuchsmuster ZIS 101 A Sport.*
Foto: Archiv Kittler
51 *ZIS 110 V.*
Foto: Kittler
52 *ZIS 115 S, die gepanzerte Staatslimousine Stalins, äußerlich entsprechend dem ZIS 110.*
Foto: Kittler

48

49

ZIL – das Lichačov-Werk in Moskau

Im 1916 gegründeten AMO-Werk (zwischenzeitlich „Prombron" genannt) entstanden in den ersten Jahren der Sowjetmacht ausschließlich Nutzfahrzeuge. Während des I. Fünfjahrplans (1928 bis 1933) wurde AMO rekonstruiert, 1933 erhielt das Werk den Namen Stalins, drei Jahre später lief die Serienproduktion an. Am 18. Januar 1937 verließ der erste in Kleinserie gefertigte „personenbefördernde Lastwagen" ZIS 101 das nunmehrige Stalin-Automobilwerk (ZIS). Der siebensitzige Repräsentationswagen mit Achtzylindermotor wies teilweise hervorragende Ingenieurlösungen auf – z. B. Doppelvergaser, synchronisiertes Getriebe, thermostatgesteuertes Kühlsystem, Heizung, Autoradio, generell Einzelradaufhängung, Bremskraftverstärker, abschließbarer Kofferraum.

Ein Jahr nach der Präsentation wurde das an den damaligen Buick erinnernde Auto zusammen mit dem GAZ M-1 auf der Weltausstellung in Paris gezeigt. Ausgehend von einem im Stalingrader Kirov-Werk entwickelten und im März 1939 präsentierten Modell entstand – ebenfalls in Handarbeit – der offene ZIS 102. In dieser Zeit begann ZIS auch mit dem Bau von Sportmodellen, basierend auf dem 101. So brachte es der V-8-Motor des 2 t schweren ZIS-Sport auf respektable 103 kW. Verantwortlich für das Design dieser Einzelstücke war S. V. Rostkov.

50

51

52

1940 erschien dann schließlich der modernisierte ZIS 101 A, bevor mit dem Kriegsbeginn vorerst die Produktion von ZIS-Pkw endete. Während des zweiten Weltkriegs wurden die großen Repräsentationslimousinen übrigens auch als Großstadt-Taxi und Sankra eingesetzt.

1945 begann der Bau des seit 1942 konzipierten Nachfolgers, des ebenfalls siebensitzigen ZIS-110. Die Designer hatten die Aufgabe, das Äußere den charakteristischen Linien des Packard-Super 180 von 1942 anzugleichen, dem Wagen aber dennoch ein eigenständiges Styling zu verleihen. Die Gestaltergruppe Rostkovs wehrte sich später gegen die Behauptung, daß ZIS für das 110er Modell amerikanische Pressen eingekauft hätte. Vielmehr seien die Karosseriewerkzeuge in Moskau gefertigt worden.

Der ZIS 110 war das erste sowjetische Modell mit hydraulischen Ventilstößeln. Der erste und der zweite Gang waren synchronisiert. Besonderheiten auch hier die Einzelradaufhängung vorn und – ein Luxusattribut – der elektrische Scheibenheber.

In sehr kleiner Stückzahl entstanden auch Cabriovarianten (ZIS 110V) und Sondermodelle, darunter der 110 A für den Krankentransport. Auch der 110 diente zeitweilig als Taxi. Abgeleitet vom 110er Basismodell war u.a. das Versuchscoupe ZIS 112 (später sogar mit Plastkarosserie) mit dem auf rund 220 kW leistungsgesteigerten V 8, der eine Höchstgeschwindigkeit von 260 km/h ermöglichte.

1958 stellte das 1956 nach dem langjährigen Betriebsleiter Ivan A. Lichačov umbenannte Werk den Prototypen ZIL 111 vor. Die Produktion des noch

53

54

53 ZIS 110 in Sankra Ausführung (1949). Foto: ADN-Zentralbild
54 ZIl 111. Foto: ADN-Zentralbild

stärker gewordenen Repräsentationswagens begann im Folgejahr. Neben Vierfachvergaser und Panoramascheibe sind besonders die hydromechanisch betätigte Automatik, der Bremskraftverstärker und die Servolenkung hervorzuheben. Auch von diesem Modell gab es eine Cabriovariante (ZIL 111 V) sowie den ZIL 111 A mit Klimaanlage (1959). Stilistisch ähnelte auch dieser Wagen amerikanischen Vorbildern (Packard). Genau wie seine Vorgänger wurde er von einem 6-l-Motor angetrieben.
Die äußerlich stark überarbeitete Version 111 G ging 1963 in die Produktion. Die technischen Parameter blieben im wesentlichen erhalten.
1968 folgte schließlich der ZIL 114 mit 7-l-Motor. Erstmals wurde damit die magische 300-PS-Grenze (SAE) erreicht. Länger und niedriger als seine Vorgänger, war er mit Automatikgetriebe, Scheibenbremsen, Servolenkung, Zentralverriegelung, Lenkradverstellung und Transistorzündung ausgerüstet. Der V-8-Motor brachte den rund 3 t schweren Wagen in 13,5 Sekunden von 0 auf 100 km/h! Ebenfalls rund 200 km/h schnell war der ab 1971 gefertigte ZIL 117. Das parallel zum 114 gebaute, etwas kleinere Auto war mit dem gleichen V-8-Motor und fast den gleichen Baugruppen (z. B. hintere Starrachse) ausgestattet. In sehr kleiner Stückzahl wurden wiederum Sonderausführungen gefertigt, darunter das zweitürige Cabriolet ZIL 115 K.
Vorerst letztes Pkw-Modell von ZIL ist der ZIL 4104, ursprünglich mit der Bezeichnung ZIL 115 versehen. Bei diesem Wagen wurde im wesentlichen auf Baugruppen des 117er Modells zurückgegriffen. Der 6339 mm lange 4104 wird von einem noch stärkeren 7,7-l-Motor angetrieben.

55

56

55 ZIL 111 V mit automatisch aufklappbarem Verdeck von 1963.
Foto: ADN-Zentralbild
56 ZIL 111 G.
Foto: Kittler

Bilder S. 166
57 ZIL 114.
Foto: ADN-Zentralbild
58 ZIL 4104.
Foto: Kulbergs
59 Prototyp ZIL 115 K.
Foto: Archiv Witt

Das Lichačov-Werk war und bleibt in erster Linie ein Nutzfahrzeughersteller für Lastkraftwagen und Busse. Die Produktion von Pkw erreicht nur sehr geringe Dimensionen. Allerdings standen die Modelle 114/117 Pate für den in kleiner Stückzahl gefertigten luxeriösen Kleinbus ZIL 118 mit 18 Sitzplätzen: Zahlreiche Baugruppen stammen von den großen Repräsentationslimousinen.

ZAZ – die Automobilfabrik „Kommunar" in Zaporože

Ab Mitte der 50er Jahre liefen in der Sowjetunion vielversprechende Versuche mit Kleinwagenprototypen. 1955 stellte Ing. J. Dolmatovski den NAMI 012 mit Heckmotor und nach hinten abfallender Frontlenkerkarosserie vor. Das stilistisch ungewöhnliche viertürige Auto verfügte über Automatikgetriebe, Servolenkung und hintere Einzelradaufhängung. Ein Jahr später folgte der IMZ-NAMI A 50 „Belka", ein viersitziger Frontlenker-Kleinwagen mit zwei seitlichen Türen und einer Frontklapptür. Der 500 bzw. 750 cm^3 große Boxermotor saß auch hier im Heck. Den „Belka" gab es übrigens auch in einer schwimmfähigen Version.
1959 konnte schließlich ein vom Moskauer Kleinwagenwerk MZMA entwickeltes viersitziges Fahrzeug mit luftgekühltem Vierzylinder-Boxermotor im Heck vorgestellt werden. Die Vorderradführung erfolgte über zwei Kurbellängslenker und Torsionsquerfedern, die Hinterradführung besorgten Dreiecklenker und Schraubenfedern. Die Serienprodukion des ZAZ 965 „Zapo-

SU

57

58

59

SU

60 *ZIL 4104.*
Zeichnung: automobil

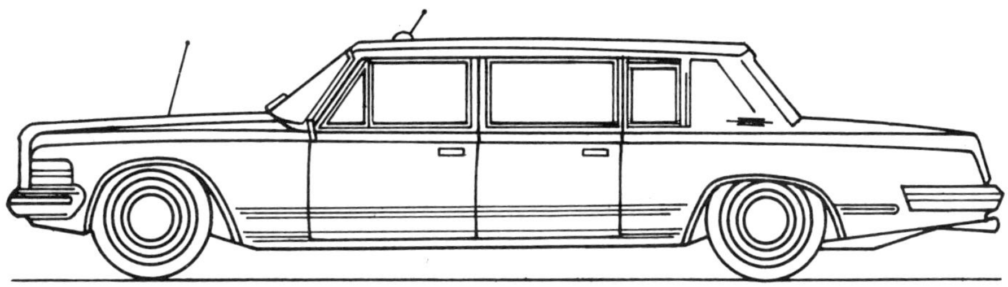

Typ: ZIL 4104

Karosserie	
Form/Aufbau:	Limousine/ versteifter Kastenrahmen
Türen/Sitzplätze:	4/7
Motor	
Typ:	8-Zylinder-Vergasermotor
Lage/Kühlung:	Frontmotor V-längs/ flüssigkeitsgekühlt
Nockenwelle und Ventile:	OHC
Bohrung/Hub (mm):	108,0/105,0
Hubraum (cm^3):	7695
Verdichtung:	9,3 : 1
Leistung (kW):	232 b. 4000 bis 4600 U/min
Max. Drehmoment (Nm):	608 b. 4000 bis 4600 U/min
Kraftstoffaufbereitung:	Vierfachfallstromvergaser
Kraftübertragung	
Antriebsart:	Heckantrieb
Getriebe:	3-Gang-Automatik
Fahrwerk	
Vorderradführung:	Einzelradaufh. an Dreieckl., Teleskopstoßd., Torsionsfederstab, Kurvenstab.
Hinterradführung:	Starrachse, Halbelliptikfed., Teleskopstoßd.
Bremse:	Scheibenbremse v, h mit Servo (Zweikreis)
Lenkung:	Schnecke u. Rolle
Reifen	9.35–15
Elektrik	
Batterie:	12 V 160 Ah
Wechselstromlichtmachine:	1150 W
Massen, Maße, Fahrleistungen	
Leermasse (kg):	3335
Gesamtmasse (kg):	3860
Länge × Breite × Höhe (mm):	6339 × 2086 × 1550
Radstand (mm):	3880
Spurweite v/h (mm):	1643/1663
Bodenfreiheit (mm):	170
Wendekreisdurchmesser (m):	16,5
Tankinhalt (l):	120
Höchstgeschwindigkeit (km/h):	190
Beschleunigung 0–100 km/h (s):	13
Kraftstoffverbrauch (l/100 km):	22 (Mittel)

Ursprünglich sollte der Nachfolger des ZIL 114 folgerichtig ZIL 115 heißen. Entsprechend der neuen Nomenklatur erhielt der äußerlich dem Vorgänger sehr ähnliche Wagen dann die Bezeichnung ZIL 4104. Die Projektphase begann im Oktober 1974, Anfang 1975 waren die ersten Konstruktionsunterlagen fertiggestellt. Die anläßlich des XXV. Parteitages gebauten fünf Versuchsfahrzeuge wurden in den folgenden zwei Jahren hart getestet. Die Produktion lief schließlich im November 1978 an.
Wie seine Vorgänger verfügt die viertürige Limousine über sieben Sitze, zwei davon als Klappsitze. Zwischen dem Fahrerraum und dem Heck ist eine Glasscheibe angeordnet. Das Auto verfügt serienmäßig über Klimaanlage und elektrische Fensterheber. Viel getan wurde für die Schwingungs- und Geräuschdämpfung (mittels reich dimensionierter Polyäthylen-Einlagen). Innenbelüftete, hydraulisch betätigte Scheibenbremsen an allen Rädern (Bremsweg von 80 km/h bis zum Stand 40 m), H-4-Scheinwerfer und von innen verstellbare Außenspiegel gehören zum Standard eines solchen Autos. Zwei 160-Ah-Batterien und eine 1,15-kW-Lichtmaschine schienen den Konstrukteuren ausreichend.
Angetrieben wird das Auto von einem V-8-Ottomotor mit dem fast quadratischen Bohrung-Hub-Verhältnis von 108 × 105 mm. Bei 7695 cm^3 Hubraum sind maximal 232 kW bei 4000 bis 4600 U/min möglich. Die Aufbereitung des Superbenzins obliegt einem Vierfachvergaser K-259. Die beachtlichen Fahrleistungen fordern ihren Tribut: Doch 22 l/100 km gelten in dieser Fahrzeugklasse als moderat. Selbstverständlich verfügt auch diese sowjetische Repräsentationslimousine über ein dreistufiges Automatikgetriebe.
In noch geringerer Stückzahl als die Limousine gefertigt wird die offene Variante ZIL 41043. Vorgestellt worden ist dieses exklusive Auto während einer Parade auf dem Roten Platz in Moskau.

SU

Die wichtigsten ZIS- und ZIL-Modelle

Typ	Produktionszeit	Zylinderzahl	Hubraum (cm³)	Höchstleistung (kW) bei Drehzahl (U/min)	Höchstgeschwindigkeit (km/h)	Länge × Breite × Höhe (mm)	Radstand (mm)	Betriebsmasse (kg)	Bemerkungen
ZIS 101 (A)	1937/1941	V 8	5766	81 b. 2800	115	5647 × 1890 × 1856	3605	2550	Limousine siebensitzig, Dreigang
ZIS 102	1939/1941	V 8	5766	85 b. 3200	120	5600 × 1890 × 1870	3605	2550	Cabrio siebensitzig, Dreigang
ZIS 110	1946/1958	V 8	6003	103 b. 3600	140	6000 × 1960 × 1730	3760	2575	Limousine siebensitzig, Dreigang
ZIS 110 V	1957	V 8	6003		140			2630	Cabrio siebensitzig, Dreigang
ZIL 111	1959/1962	V 8	5996	147 b. 4200	165	6140 × 2045 × 1640	3760	2650	Limousine siebensitzig, Zweigang-Automatik
ZIL 111 G	1963	V 8	5996	147 b. 4200	170				Limousine
ZIL 114	1967/1978	V 8	6959	221 b. 4400	190	6305 × 2068 × 1540	3760	3085	Limousine siebensitzig, Dreigangautomatik
ZIL 117	1971	V 8	6959	221 b. 4400	200	5725 × 2070 × 1510	3300	2950	Limousine fünfsitzig, Dreigangautomatik
ZIL 4104	1978	V 8	7695	232 b. 4600	190	6339 × 2086 × 1550	3880	3335	Limousine siebensitzig, Dreigangautomatik; Cabrio-Typ 41043

rožez" begann ein Jahr später im ukrainischen Traktorenwerk „Kommunar" in Zaporože am Dnepr. Die Fertigung von Traktoren wurde aufgegeben.
Die V-4-Motoren des Typs MeMZ-965 kamen aus dem Motorenwerk Melitopol. Betrug ihr Hubraum anfangs nur 0,7 l, wurde er 1961 auf 0,9 l vergrößert. Damit ausgerüstet war der leistungsstärkere ZAZ 965 A. Das Styling und konstruktive Details der erste ZAZ-Kleinwagen lehnten sich stark an den kleinen Fiat 600 an.
1967 erschien das Nachfolgemodell, der ZAZ 966. Das Auto hatte eine modernere Stufenheck-Pontonkarosserie nach NSU-Vorbild erhalten. Als Antriebsquelle kam anfangs nur der bisherige 0,9-l-Motor zum Einsatz. Ab 1968 stand auch ein robuster 1,2-l-Vierzylindermotor zur Verfügung, mit dem nun der überwiegende Teil der ZAZ-Modelle ausgerüstet werden sollte. Alle Räder waren einzeln aufgehängt. Statt der bisherigen hinteren Schräglenker wurden jetzt Längslenker eingebaut, die das Fahrverhalten spürbar verbesserten. Die Modellbezeichnung des nochmals modernisierten Autos (z. B. neues Armaturenbrett, schlichtere Außengestaltung) lautete ab 1972 ZAZ 968. Von diesem Zeitpunkt an bis zur Mitte der 70er Jahre wurde der Produktionsausstoß bei ZAZ um rund 60 Prozent gesteigert. Maßgeblichen Anteil daran hatten das neue Karosseriefließband (Jahreskapazität 150000 Karosserien) und das 16,5 km lange Transportband als Verbindungsmittel der Einzelabteilungen zum Hauptmontageband.

61

62

63

61 ZAZ 965 Prototyp von 1959.
Foto: ADN-Zentralbild
62 ZAZ 965.
Foto: Kittler
63 Prototyp ZAZ 966 von 1962/ 63.
Foto: Archiv Dünnebier

Exportländer für dieses Modell waren neben den Staaten des RGW auch westliche Länder. Hervorzuheben ist der in Belgien wahlweise mit einem 1-l-Motor von Renault versehene Wagen, der unter der Bezeichnung „Jalta 1000" angeboten wurde. Auch hier blieb es – wie beim sowjetischen Modell – nur bei der zweitürigen Karosserieversion. Mit geringfügig modifizierter Außengestaltung und nochmals modernisiertem Innenraum präsentierte sich 1973 der ZAZ 968 A. In rund 40 Details unterschied er sich vom bisherigen Modell. Er verfügte über eine wartungsfreie Vorderachse und eine Zweikreisbremsanlage (vorn Scheibenbremsen). Teile der Innenausrüstung (Vordersitzkonstruktion, Armlehnen) und die Reifen entsprachen Bauteilen aus der VAZ-Produktion.

Die Jahresproduktion, die Anfang der 70er Jahre bis auf 150 000 Einheiten gesteigert worden war, erreichte nun 165 000 (1977). Rund ein Fünftel davon wurde exportiert. Anfang 1983 waren bereits über 2 Millionen ZAZ-Fahrzeuge vom Band gerollt.

Die letzte Ausführung des Kleinwagens hieß ZAZ 968 M. Sie wurde fast ausschließlich für den Binnenmarkt gefertigt. Neu waren die geglättete Karosserie ohne seitliche Lufteinlässe, mehr Bugkofferraum durch das nach hinten verlagerte Ersatzrad sowie die Übernahme weiterer Baugruppen von AZLK und VAZ.

64 ZAZ 966.
Foto: ADN-Zentralbild

Typ: ZAZ 966

Karosserie	
Form/Aufbau:	Limousine/selbsttragend
Türen/Sitzplätze:	2/4
Motor	
Typ:	4-Zylinder-Vergasermotor MeMZ-966
Lage/Kühlung:	Heckmotor V-längs/luftgekühlt
Nockenwelle und Ventile:	OHV
Bohrung/Hub (mm):	76,0/66,0
Hubraum (cm³):	1 196
Verdichtung:	7,2 : 1
Leistung (kW):	29 bei 4 200 bis 4 400 U/min
Max. Drehmoment (Nm):	76 bei 2 700 bis 2 900 U/min
Kraftstoffaufbereitung:	Fallstromvergaser
Kraftübertragung	
Antriebsart:	Heckantrieb
Kupplung:	Einscheiben Trocken
Getriebe	4-Gang (Vollsynchron), Knüppelschalt.
Fahrwerk	
Vorderradführung:	Einzelradaufh. an Kurbell., Torsionsfed., Teleskopstoßd. m. innenl. Schraubenfed.
Hinterradführung:	Einzelradaufh. an Dreieckl., Teleskopstoßd. m. innenl. Schraubenfed.
Bremse:	Trommelbremse v, h (Einkreis)
Lenkung:	Globoidschnecke u. Rolle
Reifen/Felgen:	6.15-13/4 J × 13
Elektrik	
Batterie:	12 V 42 Ah
Drehstromlichtmaschine	250 W
Massen, Maße, Fahrleistungen	
Leermasse (kg):	810
Gesamtmasse (kg):	1 110
Länge × Breite × Höhe (mm):	3 730 × 1 535 × 1 370
Radstand (mm):	2 160
Spurweite v/h (mm):	1 220/1 200
Bodenfreiheit (mm):	190
Wendekreisdurchmesser (m):	9,1
Kofferraumvolumen (dm³):	120
Tankinhalt (l):	30
Höchstgeschwindigkeit (km/h):	121
Beschleunigung 0–100 km/h (s):	34
Kraftstoffverbrauch (l/100 km):	8,5 (DIN-Mittel)

Der ZAZ 966 wies – genau wie sein Vorgänger, der Typ 965 – eine Reihe von Besonderheiten auf. Hochgelobt wurde immer wieder seine beispielhafte Federung und Dämpfung, die ihn für den Einsatz in ländlichen Gebieten geradezu prädestinierte. Hervorragend auch die Elastizität des robusten Boxermotors, der ein sehr schaltfaules Fahren ermöglichte, das Auto aber nie zu einem Sprinter werden ließ. Bedenklich war die Karosserieneigung des hochbeinigen Wagens in schnell durchfahrenen Kurven, in denen auch die Hinterachse schnell wegsetzte. Da die Knüppelschaltung nicht direkt über dem Wechselgetriebe saß, sondern über eine lange Schaltwelle wirkte, waren relativ lange Schaltwege erforderlich. Im Innenraum ging es recht spartanisch zu. Das Armaturenbrett unter dem sehr steilstehenden Lenkrad war absolut ungepolstert, die Rückenlehne ließ sich nicht mehr vorklappen, so daß der hintere Kofferraum entfiel. Bei geschlossenen Türen trat eine automatische Bolzenverriegelung in Aktion: Die vorderen Sitze ließen sich dann nicht mehr vorklappen. Für überdurchschnittliche gute Wärmeverhältnisse sorgte eine unabhängig vom Motor laufende Benzinheizung, die allerdings einen beachtlichen Durst aufwies. Der vordere Gepäckraum beinhaltete auch Reserverad, Batterie, Benzinheizung, Lenkgetriebe und Lenksäule. Von außen fielen das zeitgemäß dekorative Frontteil, der vordere Anschlag der Türen (ZAZ 965: Türen hinten angeschlagen), die zwei Auspuffrohre, die gigantischen seitlichen Luftschlitze sowie der direkt unterhalb der Heckscheibe plazierte Tankverschluß auf. Spätere Modifikationen des ZAZ 966 bis hin zum 968 M betrafen fast alle Unzulänglichkeiten dieser ersten Version.

SU

65

66

65 ZAZ 968.
Foto: Kittler
66 ZAZ 968 M.
Foto: Kittler

Bild S. 172
67 ZAZ 1102.
Foto: Huhle

SU

67

1986 begann die Versuchsserienfertigung eines vollkommen neuen Modells, des ZAZ 1102. Zum XXVII. Parteitag der KPdSU konnten die ersten 30 Frontantriebswagen vorgestellt werden. Die Entwicklungsabteilung von VAZ trug den Hauptanteil an der Konstruktion und Erprobung. Das modern konzipierte zweitürige Auto mit Fließheck, das anfangs parallel zum 968 M vom Band lief, verfügt über einen von VAZ entwickelten, vorn liegenden 1,1-l-Motor. Es handelt sich um den Vierzylindermotor MeMZ 247, mit dem der Kraftstoffverbrauch gegenüber dem Vorgänger um ein Drittel gesenkt werden konnte. Die Eigenmasse des neuen Autos sank um 130 kg! Großen Anteil daran hat die Verwendung von leichteren Materialien: So stieg der Kunststoffanteil auf 56 kg. Konstruktive Besonderheiten sind weiterhin die wartungsfreien Doppelgelenkwellen (aus der DDR) und die kontaktlose elektronische Zündung.

1987 war die Umstrukturierung des ZAZ-Kombinats beendet – Voraussetzung für die Großserienproduktion des neuen Modells. Neben dem Hauptbetrieb in Zaporožje entstehen bestimmte Baugruppen in Petropavlovsk, in Luzk (bei LuAZ, wo auf ZAZ-Basis ein geländegängiges Fahrzeug gebaut wird) sowie in drei Betrieben in Melitopol (vor allem Motoren und Bremsanlagen). Dafür notwendige moderne Werkzeugmaschinen kamen u.a. aus Italien, Japan und der BRD. Während 1987 noch 50000 Einheiten des 968 M und 100000 Einheiten des neuen Modells entstanden, sollen 1990 insgesamt 153000 ZAZ 1102 vom Band laufen.

SU

68 *ZAZ 1102.*
Foto: Huhle

Typ: ZAZ 1102 (Tavria)

Karosserie	
Form/Aufbau:	Kombilimousine/ selbsttragend
Türen/Sitzplätze:	3/4
Motor	
Typ:	4-Zylinder-Reihen-Vergasermotor
Lage/Kühlung:	Frontmotor quer/ flüssigkeitsgekühlt
Nockenwelle und Ventile:	OHC
Bohrung/Hub (mm):	72,0/67,0
Hubraum (cm^3):	1 091
Verdichtung:	9,5 : 1
Leistung (kW):	37 bei 5 300 U/min
Max. Drehmoment (Nm):	78 bei 2 500 U/min
Kraftstoffaufbereitung:	Fallstromvergaser
Kraftübertragung	
Antriebsart:	Frontantrieb
Kupplung:	Einscheiben Trocken
Getriebe:	4-Gang (Vollsynchron), Knüppelschalt.
Fahrwerk	
Vorderradführung:	Einzelradaufh. an McPherson-Federb.
Hinterradführung:	Einzelradaufh. an Verbundlenkerachse
Bremse:	Scheibenbremse v, Trommelbremse h (Zweikreis)
Lenkung:	Zahnstange
Reifen/Felgen:	155/70 R 13/4½ J × 13
Elektrik	
Batterie:	12 V

Massen, Maße, Fahrleistungen	
Leermasse (kg):	710
Gesamtmasse (kg):	1 110
Länge × Breite × Höhe (mm):	3 710 × 1 554 × 1 410
Radstand (mm):	2 320
Spurweite v/h (mm):	1 314/1 290
Bodenfreiheit (mm):	162
Wendekreisdurchmesser (m):	10
Kofferraumvolumen (dm^3):	250 (740)
Tankinhalt (l):	39
Höchstgeschwindigkeit (km/h):	135
Beschleunigung 0–100 km/h (s):	18
Kraftstoffverbrauch (l/100 km):	4,6/6,6/6,8 (90–120 km/h – Stadt)

SU

Die wichtigsten ZAZ-Modelle

Typ	Produktionszeit	Hubraum (cm³)	Höchstleistung (kW) bei Drehzahl (U/min)	Höchstgeschwindigkeit (km/h)	Länge × Breite × Höhe (mm)	Radstand (mm)	Betriebsmasse (kg)
965	1959/1963	748	17 b. 4000	80	3330 × 1395 × 1450	2023	650
965 A	1963/1967	887	20 b. 4000	90			660
966 V	1967/1972	887	22 b. 4200	105	3730 × 1535 × 1370	2160	740
966 (A)	1908/1972	1196	29 b. 4400	120			780
968	1972/1977	1196	29 b. 4400	120	3730 × 1570 × 1400	2160	790
968 A	1973/1979	1196	32 b. 4600	123			790
968 B2		887	22 b. 4200	100			790
968 R	1974/	887	20 b. 4200	60			790
968 M	1979/1988	1196	30 b. 4200	120	3765 × 1490 × 1370	2160	840
968 MG		887	21 b. 4200	102			820
1102	ab 1987	1091	37 b.	140	3708 × 1554 × 1320	2320	710

Motoren für ZAZ 965 bis 968 M grundsätzlich V 4, luftgekühlt, Vierganggetriebe (außer Versehrtenfahrzeug ZAZ 968 R mit Dreigang). Weitere Versehrtenfahrzeug-Modifikationen des 968 M: 968 MB, 968 MD, 968 MR, 968 MG grundsätzlich 887-cm³-Motoren).

VAZ – das Automobilwerk „50 Jahre UdSSR" in Togliatti

1966 kam es – nach Verhandlungen mit VW, Renault und Fiat – zu einem Lizenzabkommen mit dem Fiat-Konzern. In der Folgezeit entstand in Togliatti an der Volga (vorher: Stavropol, dann umbenannt nach dem italienischen Kommunistenführer) mit italienischer Hilfe ein völlig neues Pkw-Werk, eines der jüngsten und größten in Europa. Die Grundsteinlegung war im Januar 1967. Hoch mechanisiert und automatisiert laufen dort ab 1971 unter der Bezeichnung Žiguli (Höhenzug am Kuibyšever Meer gegenüber der neuen Stadt) bzw. der Exportbezeichnung Lada (Liebchen) modifizierte Versionen des erfolgreichen Fiat 124 (1966 „Auto des Jahres") vom Band. Damit konnte die sowjetische Automobilindustrie zu den Weltspitzenreitern aufschließen. Die projektierte Leistung des Werkes, die 1974 erreicht wurde, betrug jährlich 660000 Einheiten. Auf über 5 km² Gesamtfläche nahmen die Fabrikhallen über 1,5 km² ein, eingeschlossen die rund 180 automatisierten Takt- und Schweißstraßen sowie das System von etwa 140 km Hängeförderanlagen. Die Gesamtlänge der Fertigungsstraßen betrug 270 km. Zur Zeit des Produktionsbeginns waren bei VAZ etwa 120000 Mitarbeiter tätig.

69

70

*69 VAZ-2101-Montage.
Foto: Novosti*
*70 VAZ 2102.
Foto: Dünnebier*

Erstes Modell des Volga-Werkes war der VAZ 2101, vorgestellt bereits im April 1970 anläßlich des 100. Geburtstags Lenins. Während die äußere Form identisch mit der des Fiats war, erfuhren wegen der spezifischen Einsatzbedingungen in der Sowjetunion Motor, Kupplung, Hinterachse und Karosserie teilweise erhebliche Veränderungen. Daß der VAZ 2101 – dessen Jahresfertigung bald 350 000 Einheiten erreichte – ein gelungener Wurf war, bewies nicht zuletzt die jahrelang ungebrochene Nachfrage im In- und Ausland.

Auf dem zweiten Hauptmontageband entstand ab 1972 die Kombiversion VAZ 2102 mit prinzipiell gleichem Konzept. Die anfängliche Jahresproduktion lag bei 50 000 Einheiten. Bei diesem Auto wurde der Hinterachsantrieb etwas höher übersetzt und die Federung den höheren Belastungen angepaßt. Der vergrößerte Kraftstofftank faßte 45 l (VAZ 2101 39 l).
Das ab 1973 gebaute Spitzenmodell, der 2103, nahm zunächst ein Fünftel des Gesamtproduktionsvolumens ein (100 000 Einheiten). Es entsprach in seinen Grundzügen dem Basismodell – nur 3 Prozent der Bauteile waren Neukonstruktionen. Geändert wurden Spurweite (vorn 20 und hinten 17 mm breiter), Karosserie (42 mm länger als der 2101, mehr und andere Sicken, kantigere Form, Zierleisten, chromglänzender Kühlergrill, Doppelscheinwerfer sowie geänderte Heckleuchteneinheit) und Innenraumgestaltung (Armaturenbrett mit Rundinstrumenten, u. a. Drehzahlmesser und Zeituhr, Wisch-Wasch-Anlage, zugfreie Zwangsentlüftung). Damit brachte der 2103 85 kg mehr auf die Waage als das Grundmodell. Der auf 55 kW verstärkte Motor wies bei

SU

78 VAZ 2108.
Foto: Kittler

Typ: VAZ 2108 (Samara)

Karosserie

Form/Aufbau:	Kombilimousine/ selbsttragend
Türen/Sitzplätze:	3/5

Motor

Typ:	4-Zylinder-Reihen-Vergasermotor
Lage/Kühlung:	Frontmotor quer/ flüssigkeitsgekühlt
Nockenwelle und Ventile:	OHC
Bohrung/Hub (mm):	76,0/ 71,0
Hubraum (cm³):	1 285
Verdichtung:	9,9 : 1
Leistung (kW):	48 bei 5 550 U/min
Max. Drehmoment (Nm):	96 bei 3 500 U/min
Kraftstoffaufbereitung:	Doppelfallstromvergaser

Kraftübertragung

Antriebsart:	Frontantrieb
Kupplung:	Einscheiben Trocken
Getriebe:	4- bzw. 5-Gang (Vollsynchron), Knüppelschalt.

Fahrwerk

Vorderradführung:	Einzelradaufh. an Querl., Federbeine, Stabil.
Hinterradführung:	Einzelradaufh. an Verbundlenkerachse, Federbeine
Bremse:	Scheibenbremse v./ Trommelbremse h. mit Servo (Zweikreis)
Lenkung:	Zahnstange
Reifen/Felgen	165/70 R 13/5 J × 13

Elektrik

Batterie:	12 V 55 Ah
Wechselstromlichtmaschine:	55 A

Massen, Maße, Fahrleistungen

Leermasse (kg):	925
Gesamtmasse (kg):	1 370
Länge × Breite × Höhe (mm):	4 006 × 1 620 × 1 400
Radstand (mm):	2 460
Spurweite v/h (mm):	1 390/ 1 360
Bodenfreiheit (mm):	160
Wendekreisdurchmesser (m):	11,5 (l), 10,8 (r)
Kofferraumvolumen (dm³):	440
Tankinhalt (l):	43
Höchstgeschwindigkeit (km/h):	150
Beschleunigung 0–100 km/h (s):	15
Kraftstoffverbrauch (l/100 km):	6,1/8,2/8,6 (90–120 km/h – Stadt [ECE])

Gegenüber den konventionell angetriebenen VAZ-Modellen schneidet der 2108 in jeder Hinsicht besser ab. Allein der Motor ist 50 kg leichter als der des 2105, und – weniger ein Verdienst des Fünfganggetriebes, mit dem fast alle Fronttriebler von VAZ als Sonderwunsch versehen werden, sondern mehr auf motorseitige Verbesserungen und aerodynamischen Feinschliff zurückzuführen – der Kraftstoffverbrauch sank um 15 Prozent. Bei 120 mm kürzerer Karosserie wurde eine 60 mm größere Innenraumlänge gewonnen. Durch die stark gewölbten Seitenscheiben konnte ein Mehr an Schulterfreiheit erzielt werden. In nur 20 Prozent der Gesamtkarosserie ist die gesamte Technik untergebracht. Von der Leermasse wirken 62 Prozent auf die Vorderachse. Ergonomische Gesichtspunkte bestimmten die nutzerfreundliche Anordnung von Sitzen, Pedalen, Lenkrad und Armaturenbrett.
Bestimmte Karosserieteile des auf Langzeitnutzung ausgelegten Autos bestehen aus verzinktem Stahlblech, dem eine um 100 Prozent höhere Korrosionsbeständigkeit nachgesagt wird. H-4-Scheinwerfer, Gleichlaufgelenkwellen, wartungsfreie Batterie und Zündanlage, Sicherheitslenksäule sowie auf 15 000 km erhöhte Wartungsintervalle waren konstruktive Schritte, die z. T. auch für die anderen VAZ-Modelle nachvollzogen werden.
Auf bestimmten Exportmärkten wird der 2108 auch mit geglätteter Kühlergrillgestaltung und Doppelscheinwerfern anstelle der umstrittenen „Nase" angeboten. In kleinen Stückzahlen verkauften westliche Importeure Cabriovarianten des Samara. In der Sowjetunion wurden bereits 1986 speziell präparierte Rallye-Versionen vorgestellt, von denen zumindest eine 1,3-l-Variante für die Gruppe A vorgesehen ist. Besondere Beachtung fand ein 103 kW starker 1,6-l-Mittelmotorprototyp.

Sonderwunsch), Zwe
mit vorderen Scheib
Bremskraftverstärke
nationalem Standard
diesem Auto die not
vität auch auf den Ex

79 VAZ 2109.
Foto: Billeb

Im März 1981 lief der sechsmillionste VAZ vom Band. In diesem Jahr folgte, wiederum mit z. T. erheblichen Karosserieretuschen, der 2107 als Ablösemodell der Typen 2103 und 2106. Dieses Auto stellt die bislang luxeriöseste VAZ-Variante dar. Angetrieben wird der 2107 von dem bekannten 1,5-l-Motor. Logische Ergänzung der neuen Generation war der ab 1984 gefertigte Kombi VAZ 2104 Universal, der den bisherigen 2102-Kombi ablöste. Der vordere Teil der Karosserie bis zur C-Säule sowie der 1,3-l-Motor entsprechen dem 2105 bzw. dem 2107 (bei Einsatz des 1,5-l-Motors). Abmessungen und Eigenmasse stimmen mit den Werten des 2102 überein. Wegen der vergrößerten Heckleuchteneinheit wurde allerdings die Heckklappe im unteren Bereich etwas schmaler.

Die äußerlich modifizierten 2104 (rund 7 Prozent), 2105 (rund 14 Prozent) und 2107 (rund 11 Prozent) machten Mitte der 80er Jahre den Hauptteil am Produktionsvolumen aus. Daneben blieben einige Versionen im Programm, die direkt von den ursprünglichen Basismodellen abgeleitet wurden. Die wichtigsten sind der 21013 (eine Kombination aus 2101 und 21011) mit 20 Prozent sowie der 21061 und der 2106 mit rund 30 Prozent am Gesamtvolumen.

Neben allen Bestrebungen zur Weiterentwicklung der konventionell angetriebenen VAZ-Modelle entschied man sich parallel für die Produktion eines modernen Fronttrieblers mit Schrägheck. Die Vorarbeiten hatten 1978 nach entsprechenden Marktanalysen und Tests begonnen. Besonderen Raum nahmen Überlegungen zu einer Vereinfachung der Fertigung ein. Ergebnis dieser Bemühungen war der VAZ 2108 Sputnik (Exportbezeichnung Samara,

SU

80

Vierzy

Verbre
Hubrau
Verdic
Höchs

Zylind

nach ein
dessen S
Die Straß
100 Testv
erfolgt. D
geformte
charakte
hilft dem
0,36 – 1
2105!

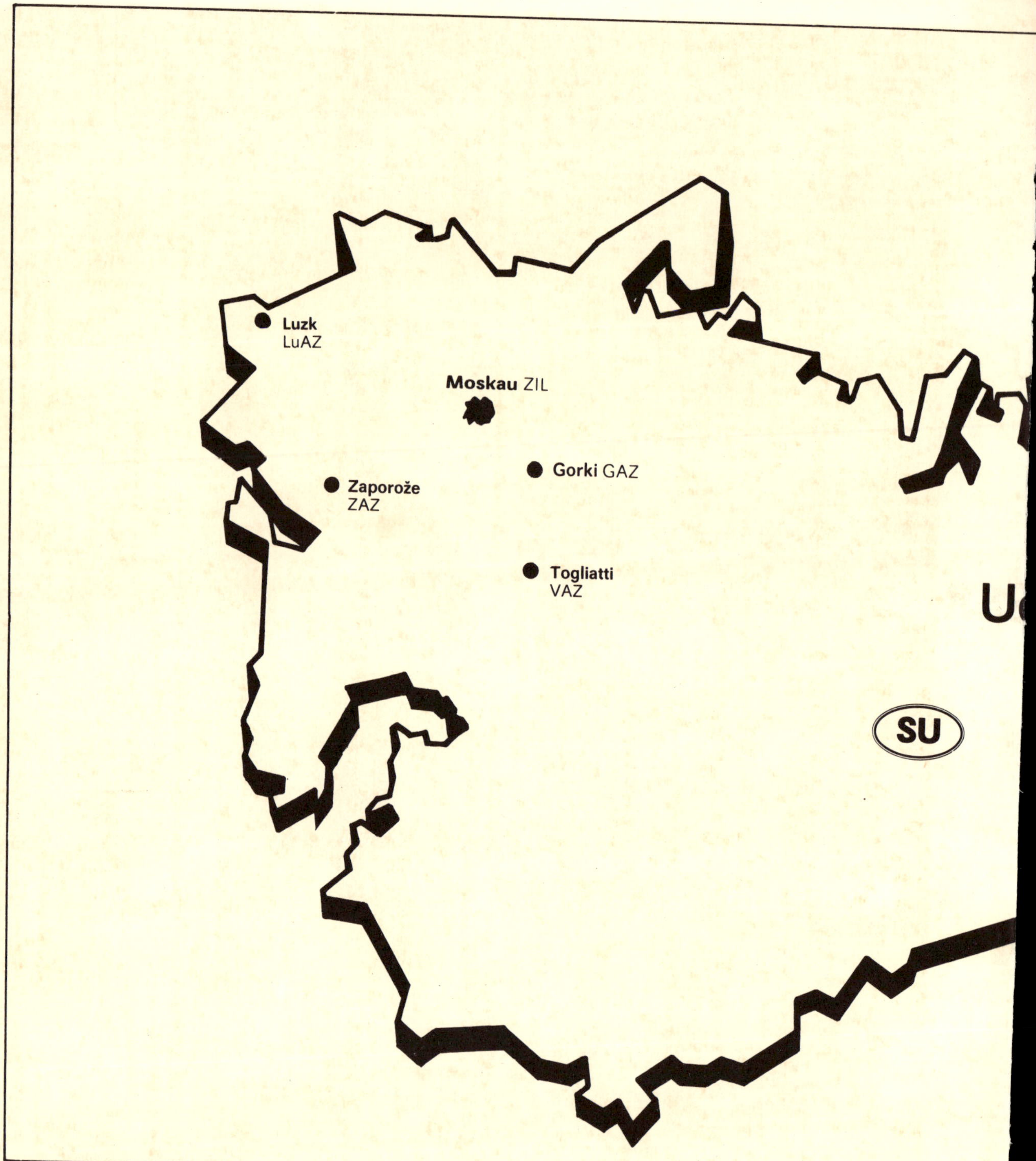